내 몸의 병[illegible]

우리 집 건강 주치의, 〈내 몸을 살린다〉 시리즈 북!

현대인들에게 건강관리는 자칫 소홀히 여겨질 수 있는 부분이기도 합니다. 소 잃고 외양간 고친다는 말처럼, 큰 질병에 걸리고 나서야 건강의 소중함을 깨닫는 경우가 적지 않기 때문입니다. 이에 〈내 몸을 살린다〉 시리즈는 일상 속의 작은 습관들과 평상시의 노력만으로도 건강한 상태를 유지할 수 있는 새로운 건강 지표를 제시합니다.

〈내 몸을 살린다〉는 오랜 시간 검증된 다양한 치료법, 과학적 · 의학적 수치를 통해 현대인들 누구나 쉽게 일상 속에 적용할 수 있도록 구성되었습니다. 가정의학부터 영양학, 대체의학까지 다양한 분야의 전문가들이 기획 집필한 이 시리즈는 몸과 마음의 건강 모두를 열망하는 현대인들의 요구에 걸맞게 가장 핵심적이고 실행 가능한 내용만을 선별해 모았습니다. 흔히 건강관리도 하나의 노력이라고 합니다. 건강한 것을 가까이 할수록 몸도 마음도 건강해집니다. 책장에 꽂아둔 〈내 몸을 살린다〉 시리즈가 여러분에게 풍부한 건강 지식 정보를 제공하여 건강한 삶을 영위하는 든든한 가정 주치의가 될 것입니다.

● 일러두기

책에 실린 정보를 어떻게 활용할 것인가는 독자의 판단에 달려 있으며
저자와 출판사는 이 책에 실린 정보 때문에 발생한 손실과 피해에 대해서는
책임이 없음을 밝힙니다.

내 몸을 살리는
마이크로바이옴

남연우 지음

모아북스
MOABOOKS

저자 소개

남연우 e-mail:nam0099@naver.com

창원대에서 경영학을 전공했으며 동대학원 졸업 후 마케팅컨설팅과 경영정보시스템,프랜차이즈 창업 교수로 대학에 출강했다. 현재는 에이치앤앤컨설팅 대표로 활동하며 현대인들의 건강증진을 위한 건강강좌 강사로 활동하고 있다.

내 몸을 살리는 마이크로바이옴

초판 1쇄 인쇄 2018년 08월 30일
3쇄 발행 2019년 06월 17일
4쇄 발행 2020년 05월 20일
5쇄 발행 2021년 10월 15일
9쇄 발행 2023년 11월 20일
10쇄 발행 2024년 08월 09일

지은이 남연우
발행인 이용길
발행처 모아북스 MOABOOKS

관리 양성인
디자인 이룸

출판등록번호 제 10-1857호
등록일자 1999. 11. 15
등록된 곳 경기도 고양시 일산동구 호수로(백석동) 358-25 동문타워 2차 519호
대표 전화 0505-627-9784
팩스 031-902-5236
홈페이지 www.moabooks.com
이메일 moabooks@hanmail.net
ISBN 979-11-5849-081-2 03570

건강의 열쇠, 장내 미생물에 주목하라

한국인의 식습관이 서구식으로 바뀌어 육식 위주의 패스트푸드를 자주 섭취하고 있다. 이에 따라 장내 미생물 구성이 균형을 잃게 되어 현대인들은 온갖 질병에 시달리고 있다. 그리고 위생 환경의 개선과 항생제의 개발로 전염성 질병은 거의 사라졌지만 그 대신 현대인의 질병은 소화관에 관련된 염증성 질환을 비롯하여 대사성 질환, 자폐증과 같은 정신질환에 이르기까지 다양해지고 있다.

최근에 이런 질병들이 마이크로바이옴의 불균형에 따른 영향이라는 증거가 드러나면서 마이크로바이옴이 건강관리의 핵심 쟁점으로 등장했다. 건강한 삶을 누리기 위해서는 우리 몸속의 미생물과 건전한 공생관계를 유지해야 한다는 사실이 속속 밝혀지고 있는 것이다.우리 몸의 장 속에는 엄청난 양의 미생물이 살고 있다. 가히 장내 미생물 숲을 이루고 있는 것이다. 이런 장내 소화기관에는 유익한 균과 유해한 균을 포함하여 여러 종의 미생물이 다양하게 분포하고 있으면서 우리가 주로 섭취한 음식물 조성이나 소화액 등의 환경에 맞춰서 성장한다. 장내 미생물은 소화기관에 서식하면서 적자생존 또는 상호공생의 관계로 하나의 정교한 생태계를 형성하고 있는 것이다.

'제2의 유전체(게놈)' 라고도 불리는 마이크로바이옴은 인체에 사는 개체 수준의 세균, 바이러스, 곰팡이 등 미생물들과 이들 미생물의 유전정보를 총칭한다. 인간의 몸은 10퍼센트의 인체세포와 90퍼센트의 미생물로 이뤄진 것으로 알려져 있으며 보통 인체에는 100조 개 이상의 세균이 존재한다. 최근 염증성 질환과 대사 질환뿐 아니라 감염성 질환, 호흡기 질환, 면역 질환, 희귀 질환, 암 등 점점 더 다양한 질병과 장내 마이크로바이옴 간의 연관성을 찾기 위한 다양한 연구와 개발을 위한 투자도 이뤄지고 있다.

마이크로바이옴이 인간의 질병 · 건강과 연관이 있다는 사실이 속속 드러나면서 사람들의 관심과 자본이 마이크로바이옴을 향해 몰리고 있다. 이제 우리 인체 건강의 열쇠는 확실히 장속 미생물이 쥐게 된 것이다.

남연우

| 차 례 |

3장 내 몸을 지키는 미생물에 주목하자

4장 마이크로바이옴으로 건강을 되찾은 사람들

5장 마이크로바이옴, 무엇이든 물어보세요

1장 새롭게 주목받는 마이크로바이옴

1. 제2의 유전체로 각광받는 장내 '착한 미생물'

히포크라테스는 서기전 5세기에 이미 장내 미생물의 존재에 주목하고 "모든 질병은 몸속 장에서 비롯하므로 장의 건강이 몸의 건강을 좌우한다"는 놀라운 통찰을 남겼다.

사람의 몸속에는 세포 수(35조 개 내외)보다 많은 39조 마리의 미생물이 사는데, 그 종류도 다양해서 5,000종이 넘는 것으로 추정된다.

몸속의 미생물총(Microbiome)을 이해하는 좋은 방법은 그것을 몸의 일부로 보는 것이다. 미생물총은 비록 몸의 다른 기관들처럼 분명한 형체를 띠진 않지만, 몸속 여기저기 흩어져 있으면서도 잘 조직된 시스템으로서 몸 기관의 기능을 수행하는 면역계와 마찬가지로 잘 조직되어 있어 그 기능만큼은 분명하다.

학계의 연구에 따르면, 지구상에는 지금까지 100여 문(門)의 세균이 발견되었는데, 그중 사람의 몸속에 사는 미생물총은 현재까지 밝혀진 4가지 문으로 방선균, 박테로이데테스, 피르미쿠테스, 프로테오박테리아이다. 그런 몸속 미생물 생태계는 인체에 따라 다양하게 조성된다.

앞에서도 얘기했지만 서울의 대형 마트에서 구입한 식재료로 조리한 음식과 패스트푸드에 길들여진 사람의 장내 미생물 생태계와 지리산 깊은 산골에서 손수 가꾸고 채취한 식재료로 만든 음식을 먹는 사람의 그것이 같을 리가 없다.

이처럼 세계 어디서고 시골 아이들의 장내 미생물총은 도시 아이들과 많이 달라서, 이들의 장내에는 리보플라빈 생성 미생물이 더 많았고 모유로부터 영양분을 추출하는 기능도 더 뛰어나다. 그런데 우리 몸의 미생물총은 불변의 존재가 아니라 다양한 요인으로 언제든지 변할 수 있는 가변의 존재다.

변화 요인이라면 식단을 비롯해 물, 항생제, 생활환경 같은 온갖 것들이다. 그러므로 어떤 질병이 미생물총의 잘

못된 구성 때문이라면 그 구성을 바꿈으로써 병든 내 몸의 치료 가능성을 획기적으로 높일 수 있다.

우리 몸을 구성하는 유전자의 90퍼센트가 변화 가능한 미생물총 유전자다. 부모로부터 물려받은 인간 유전자와는 달리 미생물총이 만드는 제2의 유전자는 개인과 집단의 노력으로 바꿀 수 있다. 미생물총을 바꿈으로써 질병을 치료하는 연구가 이미 광범위하게 일어나고 있으며, 의미 있는 결과가 속속 발표되고 있다.

세계적인 과학 저널리스트 에드 용(Ed Yong)은 《내 속엔 미생물이 너무도 많아》(어크로스, 2017)에서 사람은 식품 1그램을 섭취할 때마다 100만 마리 가량의 미생물을 삼킨다고 했다. 미생물은 우리 몸의 피부와 장내는 물론 세포 안에도 살고 있는데, 그것은 세상(은하계)의 별보다 훨씬 더 많다. 몸속 장내 미생물의 무게는 1~3킬로그램으로 추정되는데, 뇌(1.3킬로그램)나 간(1.5킬로그램)과 같은 주요 기관의 무게와 맞먹으며, 인간 유전자보다 150배나 더 많은 유전자를 보유하고 있다.

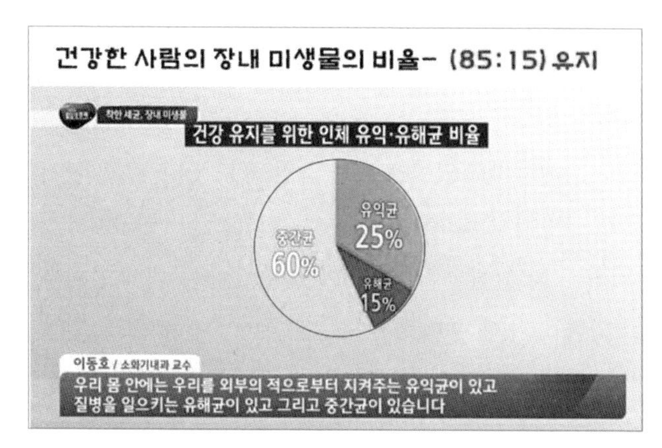

출처: 한국의과학연구원

사실 우리는 엄마 뱃속에서 나오는 바로 그 순간부터 미생물과 만나는 것으로 바깥세상의 삶을 시작한다. 몸속에 가장 많이 사는 미생물은 박테리아인데, 출산을 앞둔 엄마의 몸속에서 박테리아는 극적인 구성 변화를 연출한다. 몸속의 가장 유익한 박테리아들이 곧 태어날 아기를 위해 질과 장으로 옮겨오는 것이다.

따라서 무균상태의 태아는 산도를 빠져나오는 길에 엄마의 질 속에 몰려 있는 유익한 박테리아 세례를 받으며 나온다. 이때 세례를 받은 박테리아가 신생아의 건강과 면역력에 결정적인 영향을 미친다.

우리 몸속에는 유익한 균과 유해한 균이 있고, 유익하지도 유해하지도 않아 보이는 중간 균도 있다. 우리는 지금껏 질병에 대응하기 위해 주로 유해한 균을 연구해왔지만 최근 들어서는 유익한 균에 대한 연구가 대세를 이루고 있다. 그런데 흥미로운 것은 이른바 중간 균으로, 별로 하는 일이 없어 보이는 이 균은 몸속 세균의 50~60퍼센트를 차지한다.

최근 연구에 따르면, 이 중간 균을 넣어주자 유해한 균의 활동과 증식을 억제하는 효과가 나타났다. 그렇다면 이 중간 균은 유익한 균 못지않게 중요한 일을 하고 있는 셈이다.

미국의 뉴저지주립대학 연구진에 따르면 섬유질 식품을 많이 섭취하면 장내 유익한 균이 늘어나 당뇨병 증상이 완화된다. 연구진은 2형(성인) 당뇨병 환자를 두 그룹으로 나누어 6년간 관찰했다. 한 그룹에게는 일반적으로 당뇨병 환자에게 처방하는 식단을 제공하고, 다른 한 그룹에게는 특별히 섬유질이 풍부한 식단을 제공했다. 두 그룹 모두 당뇨병 환자의 혈당 강하제(아카보스)를 처방했다.

그렇게 3개월이 지난 후에 두 그룹의 상태를 비교했는데, 후자가 전자에 비해 혈당이 크게 떨어지고 체중도 더 많이 감소한 것으로 나타났다. 이때 "놀라운 점은, 후자는 SCFA(단쇄지방산)를 생산하는 장내 세균 141종 가운데 15종이 증가한 것" 이었다.

그 15종이 당뇨 개선에 관여한 것이다.

2. 질병 정복의 새로운 꿈, 마이크로바이옴

마이크로바이옴(Microbiome)은 우리 몸에 사는 미생물을 일컫는데, 미생물의 유전정보 전체를 일컫기도 하고, 미생물 자체를 일컫기도 한다.

한편으로 마이크로바이옴은 미생물(Microbe)과 생물군계(Biome)의 합성어로 장내 미생물 생태계를 말하기도 한다. 또 마이크로바이옴은 마이크로바이오타(Microbiota)와 게놈(Genome)의 합성어라고도 하는데, 마이크로바이오타는"인간의 몸에 서식하며 공생관계를 갖는 미생물"이라는 뜻이다.

우리 몸에 서식하는 무려 100조에 이르는 마이크로바이옴은 대부분 소장・대장 등의 소화기관에 서식하는 장내 미생물인데, 이는 '제2의 유전체'로 불리며 비만부터 당뇨, 아토피, 관절염, 암에 이르기까지 다양한 질병 치료의 열쇠로 주목받고 있다.

마이크로바이옴의 대사산물은 면역 및 내분비 세포는 물론이고 신경 세포에까지 작용해 생체 기능 전반에 영향을 미치는데, 특히 그 구성은 각종 질병에 깊이 관여한다. 가령, 미국 텍사스대학교 MD앤더슨암센터 연구팀은 "암 환자들의 대변 시료에서 특정 박테리아 수치가 일반인보다 훨씬 높게 나타났다. 마이크로바이옴을 조절한 결과 항암 효과가 높아졌다"는 사실을 밝혔다.

최근 마이크로바이옴 구성 조절로 암과 비만의 개선 효과를 확인한 KAIST 의과학대학원 연구팀도 "같은 약이 어떤 사람에게는 듣지만 다른 어떤 사람에게는 듣지 않는 이유도 마이크로바이옴 구성의 차이에서 비롯됐을 것으로 보는 시각이 있다"고 했다.

마이크로바이옴이 우리 몸에 얼마나 다양하게 분포해 있으며, 어떤 미생물이 얼마나 많고 적은지는 식습관이나 운동 등 생활문화와 밀접하게 연관되어 있다. 따라서 그만큼 개인별 · 국가별 차이도 클 수밖에 없다. 그런 이유에서 미국, 유럽연합, 중국, 일본 등 세계 주요국은 자국인의 표준 마이크로바이옴 지도를 만드는 '마이크로바이옴 뱅크' 프로젝트를 추진 중이다.

우리나라에서는 2016년부터 한국생명공학연구원, 서울대병원, 바이오기업들을 중심으로 KGMB(한국인 장 마이크로바이옴 뱅크) 구축에 나섰다. 건강한 한국인의 마이크로바이옴 정보를 데이터베이스화하고 실물자원을 표준화하여 보존 · 관리하려는 목적이다. 관련 연구원에 따르면 "건강한 사람의 마이크로바이옴 표준 데이터가 축적되어 있어야 질병과 마이크로바이옴 사이의 상관관계를 밝힐 수 있는데, 지금까지는 균주 실물자원도 없이 환자의 대변 샘플에서 추출한 마이크로바이옴을 분석하는 게 고작이서 연구의 연속성을 확보할 수 없었다."

연구진은 지금까지 다수의 건강한 성인 대변 시료를 확보하여 마이크로바이옴을 배양한 뒤에 메타게놈과 대사산물 등을 분석해 종을 분류하는 작업을 수행해왔는데, 유산균 · 대장균 · 바이러스 등을 제외한 절대혐기성 세균을 대상으로 한 작업이다. "마이크로바이옴의 대부분은 절대혐기성세균으로 이뤄져 있는데, 다른 균들에 비해 밝혀진 바가 적어서 연구자원으로는 가치가 높다."

유기물질을 분해하는 절대혐기성 세균은 산소 대신 황산염 · 질산염 · 철 등을 이용하여 생장하는 세균으로, 산소가 있으면 오히려 살 수가 없어 일반 세균에 비해 발견하기가 어려워 그만큼 잘 알려져 있지도 않았다. 산소가 내뿜는 산소독성을 제거하는 효소가 없어서 산소에 노출되면 죽는 세균이 혐기성 세균인데, 그 가운데 산소에 아주 민감하여 극히 엷은 농도의 산소에서도 못 사는 세균이 절대혐기성 세균이다. 반면에 호기성 세균은 산소 독성 제거 효소를 지니고 있어서 산소가 있는 환경에서 살 수 있다.

그런데 절대혐기성 세균이라고 해서 모두가 유기물질을 분해할 수 있는 건 아니다. 그 중에서도 카르노박테리움 말타로마티컴(Carnobacterium maltaromaticum)만이 유기물질을 분해 할 수 있다. 바로 우유와 치즈에서 발견되는 유산균으로, 흔히 알고 있는 브리치즈, 모차렐라치즈의 숙성과 연관된 발효 세균이다. 유기물질이란 탄소(C)를 포함하고 있는 물질로, 가열하면 연기를 일으키면서 검게 타는 탄수화물, 단백질, 지방, 비타민 같은 것들이다.

예의 우리나라 연구진이 확보한 대변 시료로 마이크로바이옴을 배양한 결과 메타게놈 분석에서 예측한 미생물 3,000여 종 가운데 300여 종의 실물을 분리하는 데 성공했다. 이 가운데 58종은 새롭게 발견된 종으로 확인되었는데, 만약 인체에 유익한 세균으로 판명된다면 미생물이나 미생물의 대사산물을 활용해 신약을 개발하는 데 활용할 수 있다고 한다.

연구진에 따르면 2019년에 서비스를 본격적으로 시작할 예정인데 "데이터베이스에서 정보를 얻거나 균주를 분양받을 수 있을 것이며, 순수 국내 확보 자원이므로 상업화 연구에도 충분히 활용할 수 있을 것" 이다.

향후에는 영 · 유아부터 노인에 이르기까지 생애주기별 마이크로바이옴 변화를 파악할 수 있도록 최대 800명의 대변 시료를 분석할 계획으로, KGMB 사업은 2023년까지 계속된다고 한다.

바이오헬스케어업계에서도 마이크로바이옴이 가장 뜨거운 화제로 떠올랐다. 앞에서도 예시했듯이 현대인이 알레르기, 아토피, 소화기 질환 등에 취약해진 것은 가공식

품과 항생제 남용, 소독약에 의한 지나치게 위생적인 환경으로 유익한 미생물과 기생충까지 사라지면서 마이크로바이옴 구성의 다양성이 망가졌기 때문이라는 주장이 설득력을 얻고 있다.

생명과학에 관심이 많은 빌 게이츠는 "영양실조와 장내 감염에 취약한 빈곤국 아이들은 마이크로바이옴이 발달하지 못해 면역체계가 취약할 수밖에 없으며, 이로 인해 질병에 자주 걸리고 뇌 발달도 더뎌진다"고 지적했다. 그러나 충분히 위생적인 환경에서 자라는 부유한 국가 아이들도 마이크로바이옴이 취약하기는 마찬가지다. 가공식품과 항생제에 항시 노출된 탓에 비만, 자가면역 질환, 당뇨, 고혈압 등의 발병률이 높아지고 있기 때문이다.

최근 들어 미국 시카고대학 연구진은 악성 흑색종 환자들의 대변 샘플에서 특정 박테리아 수치가 높다는 사실을 밝혀냈다. 피부암의 일종인 악성 흑색종은 전이가 빠르고 치명적인데, 이 환자 42명의 대변 샘플을 조사한 결과 38명은 면역 치료가 가능했고 나머지 4명은 약물치료만 효과가 있었다. 면역 치료가 가능한 환자의 대변 샘플에서는 유익한 미생물이 8종이나 더 많은 것으로 조사된 반면 그렇지 못한 환자의 대변에서는 유해한 미생물 비율이 더 높았다. 마이크로바이옴의 불균형 때문에 면역세포가 영향을 받은 것이다.

3. 마이크로바이옴 선점을 위한 글로벌 전쟁

세계는 지금 마이크로바이옴 연구 열풍에 빠져 있다. 그리하여 마이크로바이옴과 아토피, 비만, 암, 당뇨 같은 질환과의 관련성을 밝힌 연구 결과가 하루가 멀다 하고 발표되고 있다.

최근 아일랜드에서 열린 '2018 IHMC' (International

출처 : The Human Microbiome, Supercomputers, and the Advancement of Medicine, Dr.Larry Smarr

Human Microbiome Consortium, 국제 휴먼 마이크로바이옴 컨소시엄)에서도 글로벌 제약 회사들과 바이오 기업들이 마이크로바이옴 기반 치료제 연구 성과를 발표해 화제가 됐다.

이를 바탕으로 질환자 저마다의 마이크로바이옴 생태계를 분석하여 결핍된 분변 미생물총을 이식하거나 프로바이오틱스 같은 유산균 또는 의약품 개발에 활용하기 위한 연구가 활발하게 일어나고 있다. 관련 업계에서는 수년 내에 마이크로바이옴을 활용한 개인맞춤형 의료가 현실이 될 것으로 전망하고 있다.

누구나 고유의 혈액형을 가진 것처럼 고유한 유전체 지도와 마이크로바이옴 지도를 갖게 되면 장내 미생물 환경에 맞춘 맞춤의료가 가능해진다. 관련 업계는 망가진 장내 미생물 환경을 정상으로 복원하는 연구가 진행되면 질병 예방과 진단 · 치료에 활용할 수 있고 혁신적인 신약 물질도 대거 발굴할 것으로 내다봤다.

미국의 시장조사기관 마켓&마켓에 따르면, 글로벌 마이크로바이옴 시장 규모는 비약적으로 성장해 2025년이면 100억 달러에 이를 것으로 전망하고 있다.

독일 막스플랑크연구소는 최근 흥미로운 연구 결과를 발표했다. 젊은 쥐의 혈액을 늙은 쥐에게 수혈하면 회춘현상이 나타나는 것처럼 젊은 쥐 대변을 늙은 쥐 장에 이식했더니 똑같이 젊어지는 효과가 나타났다는 것이다. 늙은 쥐에게 이식한 젊은 쥐의 대변에 있는 미생물이 늙은 쥐 장내에 유익한 미생물을 늘려주면서 회춘효과를 발휘했다는 설명이다.

실제로 대변 이식은 최근 가장 빠르게 연구가 진척되면서 시술이 세계적으로 확산되는 추세다. 현재 우리나라에서는 클로스트리듐디피실레(CD) 독성으로 설사, 발열, 혈변 등의 증상을 보이는 장염 환자 치료에만 대변 이식을 할 수 있지만, 서구 선진국에서는 훨씬 더 광범위한 질병의 치료 목적으로 활용되고 있다. 장내 미생물을 활용해 만성질환 및 면역질환은 물론 비만과 치매 치료까지 연구되고 있다. CD는 건강한 사람의 장 속에서는 문제를 일으키지 않지만 유익한 미생물 수가 적은 환자의 장 속에서는 문제를 일으킨다. 이때 건강한 사람의 대변을 환자의 장에 넣어 유익한 미생물 수를 늘려주면 병을 치료할 수 있는데, 이때 힘을 발휘하는 것이 마이크로바이옴이다.

우리 몸속에는 다양한 미생물 39조여 개가 살고 있고 그 중 95퍼센트는 대장을 비롯한 소화기관에 몰려 있다. 전체 미생물 무게는 2킬로그램(체중의 3퍼센트 내외)에 불과하지만 장 속 마이크로바이옴은 인체 유전자보다 150배나 더 많은 유전자를 갖고 있다. 마이크로바이옴을 제2의 유전자로 부르는 까닭이다.

이처럼 마이크로바이옴이 바이오 건강의료산업의 황금으로 부상하면서 미국과 유럽 등의 선진국들은 정부 차원에서 매년 수천억 원의 예산을 마이크로바이옴 연구에 쏟고 있다. 빌 게이츠는 세계 최대 바이오 투자 네트워크 'JP 모건 콘퍼런스' 의 기조연설에서 마이크로바이옴 이식 연구를 주요 연구개발 투자 대상으로 새롭게 지목했다. 그러면서 그는 "영양식 섭취와 건강한 사람의 장내 세균을 이식하는 분변이식 등을 통해 건강한 마이크로바이옴을 활성화하는 사업을 시작했다" 고 밝혔다.

최근에 스위스의 제약사 페링은 마이크로바이옴 치료제를 개발하고 있는 미국의 바이오텍 리바이오틱스 인수를 발표했다. 리바이오틱스은 마이크로바이옴을 위장으로 전달하는 마이크로비오타 복원 치료 약물 플랫폼을 보유하고 있다. 리바이오틱스의 후보 물질 가운데 RBX2660이 가장 진척된 개발 현황을 보이고 있는데, 개발이 완료되면 세계에서 첫 번째 인간 마이크로바이옴 제품이 될 것으로 보인다. RBX2660은 FDA(미식품의약국)으로부터 신속 심사, 혁신 의약품 및 희귀 의약품으로 지정받았다. 페링 측은 "리바이오틱스의 과학적 진보는 위장관학에서 페링의 리더십에 중요한 전략적 가치를 더해줄 것이다. 마이크로바이옴을 타깃으로 한 치료법은 헬스케어에 변화를 가져올 수 있다"고 했다.

페링은 소화기계 분야의 선두주자로, 리바이오틱스 인수 외에도 카롤린스카연구소, 스웨덴 생명과학연구소, 마이크로바이옴 중개연구센터, 인트랄리틱스, 파스퇴르연구소, 프랑스 릴 대학, 마이바이오틱스 파마, 마치 오브 다임스, 메타보겐 등 마이크로바이옴 연구 분야를 선도하는 주요 글로벌 연구기관들과 파트너십을 맺어 지원하고 있다.

4. 마이크로바이옴을 통해 치료할 수 있는 질병들

OECD 보고서는 "현대의학으로 해결하기 어려운 현대인의 난치병 극복에는 마이크로바이옴이 대안"이라는 보고서를 채택했다. 이런 배경에는 자폐증, 아토피, 천식, 면역질환, 암, 비만과 같은 21세기형 질병이 급격한 산업화와 함께 확산되고 기존 치료법이 항생제의 역습으로 더 이상 듣지 않게 되면서 갈수록 커지는 마이크로바이옴에 대한 기대가 있다.

이처럼 현대의학이 좀처럼 풀지 못하고 있는 난제를 해결할 대안으로서 마이크로바이옴이 다양한 질병 치료에 적극 활용되고 있는 가운데 장내 미생물이 안전한 임신상태 유지나 노화 진행에도 연관되어 있다는 사실이 입증되었고, 다른 다양한 질병과의 연관성도 규명되기 시작했다.

장내미생물 속의 건강(질병)관련 개념도

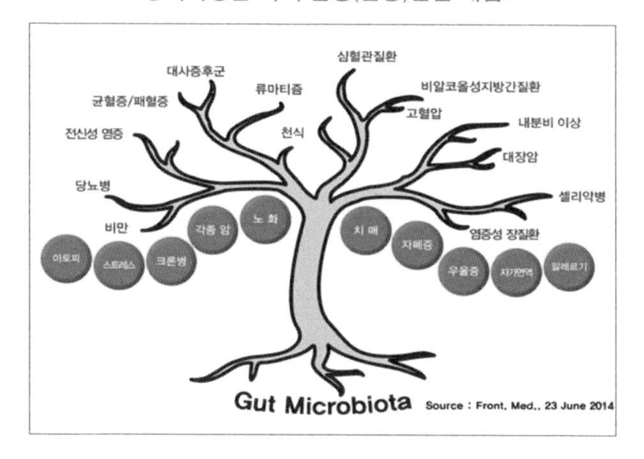

장내에 서식하는 미생물이 비만, 아토피, 당뇨 등의 만성질환과 각종 암과 같은 난치병에 결정적인 영향을 미친다는 연구 결과는 과거에 나와 있거니와 최근 들어 이들 질병에 대한 마이크로바이옴의 효능이 다각도로 검증되고 있다. 장내 미생물총의 건강한 촉진을 통해 각종 질병의 예방과 개선이 가능하다는 사실이 확인되고 있다.

특히 글루텐(Gluten) 불내증(不耐症)을 호소하는 현대인에게 유산균을 적용하여 치료할 수 있는 여지가 커지고 있다. 불내증이란 영양분이 체내에 들어왔을 때 우리 몸이 영양분을 흡수하지 못하고 거부하는 반응이다. 빵이나 국수 같은 밀 가공식품을 즐기는 많은 사람들이 밀가루에 함유된 불용성 단백질인 글루텐 때문에 불내증으로 고통을 받는다. 그래서 글루텐을 분해시켜 소화하는 마이크로바이옴에 대한 연구가 활발하다.

앞서 언급한 OECD 보고서는 "인체 미생물이 비만, 당뇨, 치매, ADHD(주의력결핍과잉행동장애), 천식, 아토피, 장염, 위궤양, 변비, 설사, 암 등에 영향을 미치는 사실" 에 주목하고 앞으로 "식품 및 제약 관련 기업이 마이크로바이옴을 활용한 제품의 개발과 생산에 집중하면서 새로운 시장이 열릴 것" 으로 내다보았다.

한편 1990년대에 본격적으로 시작된 HGP(인간 게놈 프로젝트)가 항생제의 역습으로 인한 21세기형 질병의 난제들을 대부분 해결해 줄 것으로 기대했지만 인체의 복잡한 생명현상을 설명하기에는 역부족이었다. 그리하여 과학자들은 인체와 공존하고 있는 장내 미생물로 시선을 돌려 인체에 미치는 마이크로바이옴의 영향력에 주목하게 되었다. 그리하여 2000년대 후반부터 마이크로바이옴 연구가 본격화됨으로써 많은 만성질환과 난치병들에 대한 치료의

길이 열리기 시작한 것이다.

현대인의 만성질환 대부분은 장누수증후군(Leaky Gut Syndrome)과 연관되어 있다. 장누수증후군은 한마디로 장내 미생물총 불균형이 초래한 각종 질환을 통칭하는데, 구체적으로는 "미생물이 분비하는 효소가 소장의 상피세포를 분해하거나 독소가 세포막 수용체와 결합하여 단백질의 합성을 방해하고, 소장 상피세포의 점막이 손상되어 벌어진 세포 사이의 틈을 타고 독소가 침투하는 현상"을 말한다.

이렇게 소장 상피세포벽의 모세혈관으로 침투한 이들 세균과 독소가 결국 간까지 이르러 간 기능 저하와 만성피로를 일으키는가 하면 나아가 혈관성 질환, 대사증후군 등의 다양한 질병을 일으킨다.

이런 장누수증후군에 노출되면 우리 몸의 면역계가 소화되지 않은 단백질을 알레르겐(알레르기성 질환의 원인이 되는 항원)으로 간주하여 면역반응을 일으킨 끝에 음식물에 알레르기 반응이 일어나도록 만든다. 그리고 장내 미생물총의 균형이 무너져 유해 미생물이 득세하게 되면 소화불량은 물론 만성피로, 복통, 우울증, 관절통, 생리불순까지 부른다. 그밖에도 아토피, 두드러기, 여드름, 류머티증관절염, 각종 대장질환, 췌장염, 천식, 당뇨, 불면증, 편두통에 시달릴 수 있으며, 면역력의 약화로 인한 난치병으로 고통 받을 수도 있다. 앞에서 언급한 대장질환으로는 궤양성대장염, 베체트장염, 크론병, 대장용종, 게실염, 대장암, 변비, 장염, 장협착증, 과민성대장염, 장경련, 장유착증, 탈장 등이 있다.

앞에서 언급한 다양한 질병들은 모두 장내 미생물총의 균형과 연관된 질환이어서 마이크로바이옴의 활용으로 치료가 기대되고 있으며, 또한 많은 이들이 효험을 체험하고 있다.

다음 장에서는 현대인들의 질병 발생원인과 항생제 오남용의 관계성에 대해 알아보자.

2장 현대인의 항생제 오남용의 비극

1. 항생제의 역습

인류를 괴롭혀온 전염성 질병들은 사라졌다고 하지만 현대인들에게 새로운 질병들이 만연하고 있다. 이제 우리는 천연두, 홍역, 소아마비, 폐결핵, 콜레라 같은 감염성 질병들을 까마득한 옛날 일로 돌릴 수 있게 되었지만 전에는 보지 못했던 다른 질병에 시달리는 사람들을 가까이에서 보고 있다. 많은 경우 가족이나 나 자신이 해당되기도 한다.

알레르기, 자가면역 질환, 소화 장애, 정신장애 질환, 비만 등은 현대인들에게 닥친 새로운 재앙이다. 알레르기나 아토피는 고통스런 질병이지만 너무 흔해져서 이제는 질병으로 인식되지도 않을 정도다. 견과류나 특정 과일에 의한 과민성 쇼크는 위험한 병이지만 드문 병도 아니어서 식당의 메뉴판이나 가공식품의 포장지에서 그런 재료에 노출될 위험성을 경고하는 문구를 쉽게 볼 수 있게 되었다.

21세기형 질병은 선진국일수록 더욱 심각한 양상을 보인다. 선진국 인구의 절반이 알레르기로 고통을 당한다. 그들은 알레르기를 완화시키는 항히스타민제를 상용하다시피 해야 하고, 털이 있는 동물을 만지는 것도 삼가야 한다. 식품을 구매하거나 식당에 들러 외식을 할 때는 과민반응을 보이는 재료나 성분이 있지는 않은지 꼼꼼하게 살펴야 한다.

흔히 부자들의 병으로 불리는 당뇨병은 제2차 세계대전 이후 세계적으로 급증했다. 다른 자가면역 질환들도 당뇨병과 비슷한 추세로 증가하고 있는데, 특히 장세포를 공격하는 셀리악병은 1950년대에 비하면 30~40배나 폭증하여 흔해빠진 병이 되었다. 사실 현대인의 가장 심각한 질병은 비만이라고 해도 과언이 아니다. 비만 자체도 자가면역 질환이지만 이른바 성인병의 대부분이 비만에서 비롯하기 때문이다. 통계로 보면 이제 비만은 (그 염려증까지 포함하면) 거의 모든 사람에게 현실이 되었다.

유럽분자생물학연구소의 연구에 따르면 우리가 복용하

는 약의 4분의 1이 장내 미생물 성장을 억제하는 것으로 나타났다. 항생제 · 항바이러스는 80퍼센트 가량의 장내 미생물 생장을 방해했고, 인체 세포를 대상으로 만든 약제 중 25퍼센트 가량이 1종 이상의 장내 미생물 생장을 억제하는 것으로 나타났다.

그렇다면 이런 21세기형 질병들은 어디서 누가 언제 걸리는 걸까? 이런 모든 병을 아우르는 공통 원인이 있다고는 보이지 않지만 몇 가지씩의 질병들 사이에는 인과관계가 의심되고 또 더러는 밝혀지고 있다. 21세기형 질병들은 면역계 이상과 장 기능 장애와 연관되어 있다. 가령, 자폐증 환자는 설사를 달고 살고, 우울증과 과민성장증후군은 나란히 발생한다.

사람의 장에는 인체의 모든 부분을 합친 것보다 더 많은 면역세포가 있다. 60퍼센트에 이르는 면역조직이 장 주변에 몰려 있다. 그런데 그 면역계에 문제가 생겼다면 면역계의 이상으로 전에 없던 질환들이 생긴 것이다.

독일은 1990년 통일이 되었지만 동서로 40년 동안 갈라져 살아온 탓에 빈부 차이도 거의 선국진국과 후진국의 그것에 버금간다. 따라서 건강에 따른 지표도 상당한 차이를 보인다. 가령, 부유한 환경의 서독 아이들의 꽃가루 알레르기 발병 비율은 동독 아이들에 비해 3배나 높았다. 이런 상관관계는 다른 자가면역 질환들에서도 같은 패턴을 보여준다. 독일뿐 아니라 어디에서든 부유층 아이들이 빈곤층 아이들보다 음식 알레르기, 천식, 아토피, 소아 당뇨병 등에 걸릴 확률이 훨씬 높았다.

이런 만성적인 질환은 부와 함께 찾아오는 손님으로, 서구에만 국한되지 않는다. 선진국에서는 이미 포화상태로 정체 국면에 도달한 반면 동유럽과 아시아를 비롯한 제3세계의 개발도상국들에서는 확산일로에 있다. 흥미로운 것은, 부자들의 전유물로 시작된 담배, 패스트푸드 같은 것들이 이제는 가난한 사람들의 기호품이자 주식이 되었다는 사실이다. 비만과 알레르기 같은 질환을 개발도상국에서는 여전히 부유층이 겪는 반면, 선진국에서는 주로 빈곤층이 그런 만성 질환에 시달린다는 것이다. 또 다른 사례는 1918년 세계대전이 막바지로 접어들던 무렵에 발병해 세계를 휩쓴 유행성 독감은 '누가' 그 병에 걸렸는가를 간과해 사태를 키운 측면도 있다. 독감은 상식적으로 보면 노약자가 잘 걸리는 병이지만 당시의 독감에는 주로 건장한 청년들이 죽어나갔다. 독감 바이러스 때문이 아니라 그 바이러스를 제거하려다 면역계에 의해 고삐가 풀린 사이토카인(Cytokine) 발작 때문이다.

사이토카인 발작을 흔히 사이토카인 폭풍(Cytokine Storm)이라고 부른다. 사이토카인은 바이러스 같은 병원체가 인체에 침투하면 분비되어 다른 면역세포들을 자극함으로써 병원체를 막는다. 이는 대개 감염 초기에만 적당히 분비되지만, 면역계가 이상 활성화되면 과도하게 분비되어 병원체뿐 아니라 정상 세포까지 공격하여 인체를 죽음에 이르게 한다. 사이토카인 폭풍은 면역력이 강한 청년층에서 발생 확률이 높다. 그래서 앞에 얘기한 스페인 독감이나 요즘 기승을 부리는 조류 독감의 사망 원인으로 사이토카인 폭풍이 지목되는 것이다.

그래서 오늘날 과학자들과 의학자들은 "인류가 감염병과의 전쟁에서 승리한 대신 내성과의 전쟁에서 패배하여 더 큰 재앙에 직면하지 않을까" 우려한다. 그러나 우려를 넘어 이미 우리 몸의 면역계에 대해 항생제의 역습이 시작되었다. 우리가 알게 모르게 상복하다시피 복용하는 엄청난 항생제에 내성을 갖춘 박테리아가 눈부시게 빠른 속도로 진화하고 있다. 그러나 새로운 항생제 개발에는 통상 2~3년이 걸리므로 박테리아의 진화 속도를 따라잡지 못하고 있다. 항생제의 역습에 속수무책인 것이다.

2016년의 관련 보고서에 따르면 해마다 70만 명이 항생제 내성으로 사망한다는데, 이는 급격히 증가하여 2050년이면 사망자가 연간 1,000만 명에 이르고 치료비는 100조 달러에 이를 것으로 예상되며 가히 '21세기 흑사병' 으로 불리고도 남을 만하다고 발표했다.

무엇보다 우려되는 것은 우리나라가 세계에서도 손꼽히는 항생제 과소비국이며, 나아가 오남용의 대표적인 사례국가라는 사실이다. 보건복지부에 따르면 우리나라 국민의 항생제 하루 사용량(2016년 기준)은 1,000명당 34.8DDD로 OECD 평균 소비량 21.1DDD보다 훨씬 높다. DDD는 Defined Daily Dose의 약자로 "성인 1인이 하루 동안 복용해야 하는 평균 용량" 을 말한다. 특히 우리나라에서는 영유아에게까지 항생제를 과도하게 처방하고 있어 더욱 우려된다. 우리나라 병원들의 영유아 항생제 처방 건수는 연평균 1인당 3.41건으로 미국(1.06건)의 3배 이상, 처방률이 가장 낮은 노르웨이(0.45건)의 8배에 가깝다.

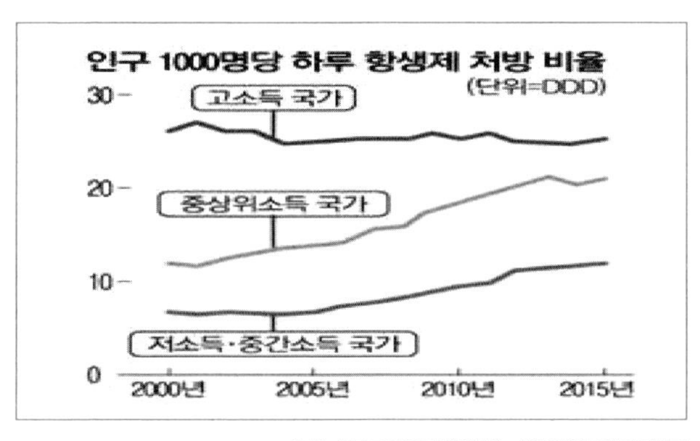

출처 : 국민과학원회보(PNAS) · 생명공학정책연구센터

이런 결과 우리나라의 항생제 내성률(100마리의 세균에 항생제를 투여하여 살아남는 세균 수)은 정점으로 치닫고 있다. OECD의 2017년 자료에 따르면 한국의 황색포도상구균에 대한 항생제 메티실린 내성률은 67.7퍼센트로 OECD 국가 중 가장 높았으며, 세팔로스포린계 항성제 내성률은 28.7퍼센트, 카바페넴 내성률은 30.6퍼센트로 세계 2, 3위를 다퉜다.

이런 가운데 현실적인 제약에 따라 신약(새로운 항생제)의 유통과 수급 체계에도 문제가 생겨 제도 개선이 시급한 상황이다. 항생제 내성균은 늘어나는데 신약을 사용하지 못하는 악순환에 피해를 입는 것은 결국 환자들이다. 치료할 수 있는 약을 두고도 들여올 수가 없어 가벼운 상처에도 목숨을 잃을 수 있다.

따라서 각국 정부가 나서서 항생제 신약 개발을 위한 제도를 서둘러 발표하고 있으며 미국은 2020년까지 10개의 신규 항생제 확보 전략을 마련했고 유럽연합은 2011년부터 항생제 개발을 위한 경제 지원 제도를 내놓고 있다.

2015년 세계보건기구는 내성균 발생과 확산을 막기 위한 '글로벌 행동계획'을 제시하고 국가별 대책 마련과 공조를 촉구했다. 우리나라에서도 관련 부처들이 공동으로 항생제 사용량 감소 및 항생제 내성균 확산 방어를 계획하고 있다.

이런 모든 조처는 이미 시작된 '항생제의 역습' 공포에 기인한 것이다. 그러나 예상되는 가공할 역습의 위력에 비하면 현재의 인식과 조처들이 너무 안이한 게 아닌가 하는 우려의 목소리도 높다.

2. 질병이 발생하는 이유는 무엇인가?

우리 몸의 질환은 다양한 이유로 발생하지만 그 증상도 다양한 형태로 나타난다. 가령, 치과 치료를 받고 있는 환자라도 여러 다른 질환의 증상을 확인할 수 있다.

양치질을 꼼꼼히 하는 등 치아 관리에 철저한 사람에게 입 냄새가 심하다면 위-식도 역류 질환이 의심된다. 위-식도 역류 질환은 잠자는 동안 발생하여 자기도 모르는 사이에 진행되어 치아를 부식시킬 수 있다. 치주염으로 잇몸에서 피가 난다면 당뇨병이나 백혈병이 의심된다.

치주염은 무시할 수 없는 2형(성인) 당뇨병의 증상이기 때문이다. 백혈병도 비정상적으로 잇몸에서 피가 많이 나고 염증을 보일 수 있다. 이가 시려 뜨겁거나 찬 음식을 못 먹거나 치아의 색깔이 바뀌었다면 섭식장애가 의심된다. 즉, 과식증으로 인한 구토로 치아의 에나멜이 부식되어 이가 시린 것이다.

이렇게 치아 질환 하나도 내 몸의 건강에 이상이 생겼다는 신호가 되듯이 질병이 생기는 이유는 사실 그동안 우리가 몰랐던 메커니즘과 상관관계가 있다는 사실이 조금씩

베일을 벗고 있다.

수십 년 전만 해도 위궤양은 스트레스나 카페인으로 인해 발병하는 것으로 알려졌다. 비만처럼 습관에서 오는 병이라서 습관을 고치면 낫는 병이라고 믿었다. 그러나 "물을 많이 마시고 마음을 편히 가지라"라는 의사의 처방을 충실히 따랐음에도 불구하고 위산으로 헐어가는 위를 움켜쥐고 "아이고~ 배야!" 계속 신음해야 했다.

그러다가 1982년 오스트레일리아의 과학자 로빈 워런(Robin Warren)과 배리 마셜(Barry Marshall)이 위궤양과 위염의 주범이 헬리코박터 파일로리라는 박테리아임을 밝혀냈다. 오늘날 세계 인구 절반이 넘는 사람의 위장 속에 헬리코박터 세균이 사는데, 대부분은 병을 일으키지 않아 다들 아프지 않고 잘 산다. 심지어 병을 일으키지 않는 헬리코박터 세균을 일부러 없애면 살이 찌거나 아토피 같은 알레르기가 생길 수 있다. 훨씬 해로운 기생 미생물의 공격을 막기 위해서 덜 해로운 기생 미생물과 서로 이익을 주고받으며 이처럼 공생하는 숙주가 있다.

인도의 비만 전문 의사 니킬 두란다는 체중 증가의 원인이 바이러스 감염이라는 가능성을 연구하기 위해 미국으로 건너갔다. 천신만고 끝에 위스콘신 주립대학 식품영양학과에 자리를 잡은 두란다는 그가 인도에서 발견한 닭 바이러스와 비슷한 Ad-36 바이러스로 닭을 이용해 실험했다. 호흡기 감염을 일으킨다고 알려진 이 바이러스는 미국인에게 흔하게 나타나는 바이러스였다.

닭들을 두 집단으로 나누어 절반은 Ad-36 바이러스에 감염시키고 나머지 절반은 닭에게서 정상적으로 발견되는 아데노바이러스에 감염시켰다.

만약 Ad-36 바이러스에 감염된 닭들의 체중이 증가한다면, 사람이 살이 찌는 이유는 과식과 운동량 부족 때문만이 아니라 다른 이유가 있다는 것을 주장할 수 있게 된다. 비만증은 식탐이 강하고 의지가 박약한 사람이 걸리는 질환이 아니라 감염성 질환임을 밝혀낼 수도 있다. 그러니까 비만은 전염된다는 사실이다.

지난 세기 비만 확산을 표시한 지도를 보면 비만은 지구를 휩쓰는 전염병이라는 인상을 준다. 미국의 경우 남동부에서 시작되어 점차 북서부로 퍼져나가는 양상을 보였다. 특히 대도시를 중심으로 발병하여 시나브로 먹물이 종이에 스미듯 주위로 확산되었다. 이런 비만 확산의 원인을 비만을 조장하는 비만 환경의 확산으로 보았다.

비만은 개체 수준에서도 전염병처럼 퍼질 수 있다는 실험 결과를 보였다. 같이 사는 식구가 살이 찌면 나도 그럴 확률이 37퍼센트나 높아지는데, 놀라운 것은 떨어져 사는 형제간에도 그런 관계가 나타난다는 것이다. 더 놀라운 것은 가까이 지내는 친구가 살이 찌면 나도 그렇게 될 확률이 무려 71퍼센트나 더 높아진다는 사실이다.

물론 같은 음식을 공유하는 사회적 요인도 작용했겠지만 그것만으로는 설명할 수 없는 더 근본적인 원인이 있는 것으로 생각되고 있다. 바로 미생물의 교환이다. 두란다가 예상한 대로 Ad-36 바이러스에 감염시킨 닭들의 체중이 이상 증가 현상을 보였다. 이를 원숭이에게 적용했더니 역시 마찬가지였다. 두란다는 이 바이러스가 인간의 비만과도 연관이 있는지 확인하기 위해 지원자들 수백 명의 혈액검사를 실시했다. 그 결과 비만의 지원자들의 30퍼센트에서 Ad-36 항체가 발견된 반면 비만이 아닌 지원자들은 11퍼센트에 그쳤다.

Ad-36은 '솔새 효과'의 좋은 사례로, 비만은 과식이나 운동량 부족과 같은 생활습관에서 오는 병이 아니라 신체

에너지 저장 시스템의 기능장애로 볼 수 있다는 것을 증명하고 있다.

자그마한 솔새는 알에서 깨어난 지 불과 몇 달 만에 유럽의 여름 둥지를 떠나 무려 6,500킬로미터를 비행하여 아프리카 사하라 사막 이남에서 겨울을 보낸다. 이 놀라운 여행을 떠나기에 앞서 어린 솔새는 17그램의 몸무게를 2주일 만에 37그램으로 2배 이상 늘려 장거리 비행에 필요한 에너지를 축적한다.

이 기간에 솔새는 매일 원래 몸무게의 10퍼센트씩 몸무게를 늘린다. 몸무게 70킬로그램의 사람으로 치면 매일 7킬로그램씩 늘려 12일 만에 154킬로그램의 초고도비만이 되는 셈이다. 솔새가 이처럼 순식간에 병적으로 뚱뚱한 상태가 되는 것은 단기간에 많은 지방을 저장하게 하는 특별한 메커니즘이 없고서는 설명이 안 된다. 영양학적 계산으로는 도저히 답이 나오지 않기 때문이다.

솔새는 여행을 하는 동안 점차 몸무게가 줄어 겨울 둥지에 도착할 무렵이면 다시 정상 체중으로 돌아온다. 그런데 놀라운 것은 인간에게 길러지는 정원솔새도 같은 증상을 보인다는 것이다. 새장 속의 솔새 역시 야생의 솔새와 같은 시기에 살을 쪄서 역시 같은 시기에 살이 빠진다는 것인데, 먹는 것과 운동량으로는 도저히 설명할 수 없는 현상이다.

3. 미생물과 질병의 상관관계

인류의 기원은 길게 잡아야 700만 년 전이지만 미생물의 기원은 무려 35억 년 전까지 거슬러 올라간다. 지구가 태양계의 일원으로 태어난 것이 46억 년 전이라 하니 미생물은 지구의 역사와 거의 함께해 왔다고 해도 과언이 아니다.

오늘날 지구상에 존재하는 모든 생명의 기원은 미생물이며, 고등생명체도 처음에는 한낱 작은 세포 분열에서 시작되었다. 인간을 비롯한 동물의 생명체도 미생물과의 공존과 경쟁 과정에서 진화한 결과로 본다.

옆 그림을 참고 하기 바란다.

마이크로바이옴과 인체 건강의 상관관계

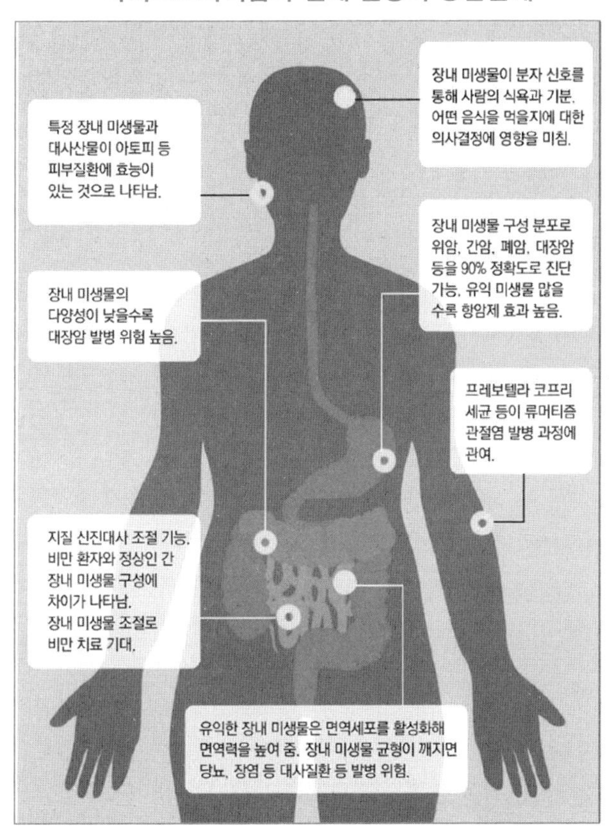

출처: 한국생명공학연구원, 네이처, 사이언스

미생물은 숙주로부터 생존에 필요한 터전과 영양을 취하고, 그 대신 숙주가 생체의 균형과 건강을 유지하는 데 필요한 요소를 제공하거나 해로운 균의 침입을 막는 것으로 공생관계를 유지한다. 특히 유해 균의 침입으로부터 숙주를 지키는 데 필사적이다. 숙주가 건강해야 미생물 자신도 안전할 수 있기 때문이다.

동물은 어미의 자궁에 있을 때 무균 상태로 있다가 자궁을 빠져 나오면서 비로소 미생물에 노출된다. 입에서 항문, 피부에 이르는 모든 기관에 미생물이 몰려와 진을 치기 시작한다. 또 어미의 젖을 먹는 동안 위의 산도는 중성에 가까운 상태가 유지되어 외부의 많은 미생물을 입을 통해 받아들인다. 어미와의 접촉과 먹이를 통해 무균 상태에서 나온 새끼의 모든 부위에 미생물이 접종되는 것이다. 모든 동물이 태어나면서 가장 먼저 겪는 일이 바로 미생물과의 접촉인데, 그것은 가장 극적이면서도 큰 변화다. 모든 동물은 건강한 개체로 살아가려면 무엇보다 먼저 미생물과의 만남을 통해 공존체계를 만들어야 한다.

우리 인간도 예외는 아니어서 미생물 없이는 하루도 살 수 없는데, 인간의 몸에서 수분을 제외하면 10퍼센트 가량이 미생물이다.

앞에서 얘기한 대로 우리 몸의 장내에 있는 이런 미생물의 불균형이 과민성 장 증후군을 일으키는 주요 원인이 되며, 스트레스는 단지 증상을 악화시키는 역할을 할 뿐이다. 미생물 불균형으로 인한 과민성 장 증후군 환자들을 조사한 결과 병증에 따라 장내 미생물 조성이 다른 것으로 나타났다. 식사를 했을 경우, 금세 배가 부르고 복부팽만이 일어난다는 환자들은 사이아노박테리아 비율이 높았고, 심한 복통을 느낀 환자들은 프로테오박테리아 비율이 높았다.

과민성장 증후군은 원래의 구성원인 미생물이 아닌 엉뚱한 미생물이 들어오는 바람에 장이 과민해져서 나타난 증상이라고 할 수도 있는데, 물을 갈아먹었을 때 배탈이 나는 것도 그런 증상에 해당한다. 오염된 식수나 육회와 같은 날고기를 먹어서 걸리는 급성 장염이나 만성적인 장 기능 장애도 모두 장내 미생물의 균형이 무너져서 일어나는 것이라는 주장도 같은 맥락이다.

과민성 장 증후군 환자들은 염증성 장 질환자들과는 달리 장 내벽에 궤양은 없는 대신 염증 수치가 필요 이상으로 높다. 인체가 고의로 장벽 세포 사이의 작은 구멍을 열어 물로 미생물을 씻어내려고 시도하는 것 같다. 장내 미생물의 불균형이 과민성 장 증후군을 일으킨다는 것은 얼른 납득이 가지만 다른 장 트러블, 즉 늘어난 허리둘레나 뱃살 같은 것들은 어찌 된 걸까. 미생물이 열량의 섭취량과 소비량 사이의 사라진 고리가 될 수 있는 걸까.

스웨덴 사람들은 유럽에서 가장 날씬한 편인데도 스웨덴은 세계에서 비만 연구에 가장 열성적인 나라다. 스웨덴 예보테리 대학의 미생물학자 프레드리크 벡헤드는 미국의 제프리 고든(워싱턴대학 미생물총 연구학자) 연구진에 합류하여 장내 미생물이 쥐의 체중을 증가시키는지를 실험했다. 무균 쥐는 장에 다른 쥐와 같은 미생물을 가진 이후 보름 만에 몸무게가 60퍼센트나 불었지만 먹는 양은 오히려 그전보다 적었다.

미생물은 서식지를 얻어서 혜택을 입었고, 무균 쥐 역시 소화하기 어려운 음식물을 미생물 덕분에 소화할 수 있게 되어서 혜택을 입었다.

전체 열량의 양을 결정하는 요인이 음식물의 섭취량이 아니라 미생물의 작용이라면 미생물이 비만에 관여한다는 얘기가 되는데, 이것은 놀라운 발견이다.

고든 연구진의 또 다른 멤버인 미생물학자 루스 레이는 비만인 동물의 장과 그렇지 않은 동물의 장에 살고 있는 미생물은 분명히 어딘가 다를 것이라고 생각했다. 레이는 몸무게가 정상 쥐의 3배나 무거운 중증 비만 쥐들을 실험에 이용했는데, 거의 쉴 새 없이 먹어대서 공 모양이 된 이 쥐들은 정상 쥐와 완전히 다른 종으로 보였다. 그러나 이 쥐들은 정상 쥐에 비해 단 하나의 호르몬에 이상이 생겼을 뿐이었다.

렙틴(leptin)은 체내에 지방이 충분히 저장되면 식욕을 감퇴시키는 호르몬이다. 그런데 비만 쥐들의 렙틴 호르몬에 이상이 생겨 뇌에 배가 부르다는 신호를 전달하지 않은 것이다.

그러나 비만 쥐와 사람에게 나타나는 특별한 미생물 조성이 비만의 원인인지, 아니면 비만의 결과인지는 여전히 의문으로 남았다. 이에 대한 답을 구한 것도 역시 고든 연구진의 멤버였다.

박사과정에 있던 피터 턴보는 비만 쥐와 정상 쥐의 미생물을 각각 무균 쥐에게 옮겼다. 두 그룹의 쥐들은 같은 조

건에서 같은 양의 먹이를 먹었다. 그렇게 보름이 지나자 비만 쥐의 미생물을 받은 그룹은 뚱뚱해진 반면 정상 쥐의 미생물을 받은 그룹은 정상이었다.

이 실험은 장내 미생물이 비만의 원인일 뿐 아니라 개체 간의 이식 가능성까지 보여주었다. 그러니까 마른 사람의 장내 미생물을 채취해서 뚱뚱한 사람에게 이식한다면 따로 다이어트를 하지 않고서도 살을 뺄 수 있다는 것이다.

그런데 문제는 뇌가 렙틴에 내성을 보인다는 것이다. 마른 사람은 체중이 늘면 렙틴이 더 많이 분비되어 식욕을 감퇴시키지만, 뚱뚱한 사람은 렙틴이 많이 분비됨에도 불구하고 뇌가 그것을 감지하지 못하므로 아무리 먹어도 포만감을 느끼지 못하는 것이다.

4. 결국은 먹는 것이 문제다

오늘날에는 식품영양학에 관한 주요 개념들이 많은 변화를 겪었다. 그 전에는 식품이 가진 영양분이 인체에 들어와 미생물과 다양하게 작용한다는 사실을 고려하지 않고 영양분 자체의 과다와 운동량에만 초점을 맞춰 열량을 계산하고 비만과 다이어트를 논했다. 그러나 이제 그런 단순 셈법이 근본적인 문제들과 중요한 모순들을 설명하지 못하고 있다는 사실을 인정하고 다각도로 해답을 구하고 있다.

따라서 소화와 영양에 대한 관점의 대전환이 요구되고 있다. 이전까지는 소화 과정 중에 소장에서 일어나는 일이 소화의 전부라고 여겼다. 맷돌 역할을 하는 위와 인슐린을 분비하는 췌장을 지나면 7미터에 이르는 가늘고 긴 창자가 나타나는데 소장이다. 이 세 기관에서 뿜어내는 효소가 체내에 들어온 음식물을 잘게 부수고 분해하여 몸에 적합한 화합물로 변환시킨다.

여기까지가 소화의 전부라고 여긴 나머지 이제껏 소장에서 이어지는 대장의 중요성이 간과되었다.

19세기 말에 면역세포를 발견하여 노벨상을 받은 러시아 과학자 엘리 메치니코프조차 "인간은 대장 없이도 아무 문제없이 잘 살 수 있다" 고 했을 정도였다.

다행히 현대 과학은 메치니코프 이후 크게 진보하여 "미생물 군집으로 합성된 중요 비타민을 대장에서 흡수한다"

는 사실이 밝혀졌다.

어떤 동물들은 소화기능을 전적으로 미생물에 의존하기 때문에 장내에 미생물이 없다면 먹는 일이 전혀 소용이 없게 될 것이다. 다른 동물의 피를 빨아먹고 사는 거머리나 흡혈박쥐는 중요한 영양분의 공급을 미생물에 의존한다. 피는 생명의 원천으로 불리지만 영양소는 그다지 풍부한 편이 아니다.

철분과 단백질이 풍부한 반면 탄수화물, 지방, 비타민, 미네랄 같은 주요 영양소가 크게 부족한데 피만 빨아먹고 사는 거머리나 흡혈박쥐는 어떻게 건강하게 살 수 있을까. 아마 장내 미생물이 그런 부족한 영양소를 합성해서 공급하지 않는다면 거머리나 흡혈박쥐 같은 흡혈 동물은 생존하기 어려울 것이다.

중국 쓰촨 성 일대와 티베트 고산지대에 서식하는 (대왕)판다 곰은 댓잎을 주식으로 삼아 살지만 원래는 육식동물이었다. 육식동물의 게놈을 지닌 판다는 고기의 단백질을 분해하는 효소 유전자는 넘치게 가졌지만 댓잎의 탄수화물 다당류를 분해하는 효소는 만들어내지 못한다. 그러니까 철저하게 육식동물로 태어난 판다가 초식동물의 섭생을 한다는 것이다. 그런 판다에게 미생물은 없어서는 안 될 존재다. 미생물의 도움을 받아 댓잎을 소화시킴으로써 육식동물이라는 태생적 제약을 넘어 초식동물로 살 수 있으니 말이다.

고도로 문명화된 도시인들의 식생활 패러다임이 자연의 그것과는 근본적으로 달라졌다. 한마디로 먹는 것에 대한 통제력을 상실한 것이다. 마트의 진열대는 어떻게 키워져 어떻게 가공되었는지 도무지 알 수 없는 식품들로 가득 차고, 마트 밖으로 나오면 패스트푸드와 배달음식 천국이다. 현대인들은 속내를 알 수 없는 식품과 음식을 포장지와 메뉴판만 보고 사서먹는 것이다. 그 안에 무슨 약품이나 호르몬이 첨가되었는지 전혀 알지도 모른 채 말이다.

이대로 한 세대쯤 더 지나면 인간이 원래 무엇을 먹고 살았는지도 가물가물하도록 잊게 될지도 모른다. 인간이 무엇을 먹고 살아야 하는지를 알려면 지금 당장 대형 마트나 레스토랑에서 나와 티베트의 산간마을이나 몽골의 초원에 가보면 된다. 아니, 그리 멀리 갈 것도 없이 가까운 속리산이나 지리산 깊은 산골 마을에 가보면 된다.

서울이나 인천 같은 대도시의 대형 마트에서 사온 식품

으로 조리한 음식이나 패밀리 레스토랑의 패스트푸드에 길들여진 아이들과 지리산 깊은 산골에서 부모가 손수 채집하고 기른 재료로 만든 음식만 먹고 자란 아이들의 장내 미생물총을 관찰한다면 완전히 다른 모습일 것이라는 것쯤은 이제 상식에 속한다.

그렇다면 서울과 지리산 아이들의 식단을 비교하면 뭐가 다를까. 엄청난 차이가 있을 성싶지만 실은 별 차이가 없다. 지방 섭취에서 약간의 차이를 보일 뿐이다. 우리는 그동안 비만의 원인을 더 먹게 된 음식에서만 찾으려 했는데, 헛짚은 것이다.

그렇다면 식단에서 늘어난 영양소를 찾는 대신 사라진 영양소를 찾아보는 건 어떨까. 서울과 지리산 아이들의 식단을 살펴보면 확연한 차이를 보이는 영양소가 있는데, 바로 섬유질이다. 지리산의 식단은 주로 채소, 곡물, 콩, 과일과 같은 섬유질이 듬뿍 든 음식으로 채워진다. 섬유질 함량이 2퍼센트에 불과한 서울 아이들의 식단에 비하면 지리산 아이들은 그보다 3~4배나 더 많은 섬유질을 섭취한다.

그 결과 의간균과 후벽균의 비율에 있어 서울의 아이들

은 1 대 3으로 후벽균의 비율이 3배나 높은 반면 지리산의 아이들은 2대 1로 의간균의 비율이 2배나 높게 나타난다. 이런 모든 결과를 놓고 보면 결국은 먹는 것이 문제라는 것을 알 수 있다.

1. 우리 몸속 미생물의 세계

오늘날 우리는 너나 할 것 없이 신체의 면역력을 높이는 데 큰돈도 아끼지 않을 만큼 공을 들인다. 한때는 백사(흰 뱀) 한 마리가 고속버스 한 대 값이라고도 했고, 동남아로 뱀탕 원정을 간 한국인들이 나라 망신을 시키기도 했다. 지금도 진짜 산삼이라면 돈 주고도 못 구하는 형편이다. 해마다 봄이면 비싼 고로쇠 물을 구해다 마시거나 귀한 버섯을 구해 즙을 내어 상복한다. 일부는 정력을 강화하려는 속셈이지만 대개는 면역력을 높이려는 발버둥이다.

사실 이런 식의 면역력 강화는 기껏 환절기에 찾아오는 감기나 종종 유행하는 독감에 걸리지 않고 넘어가는 정도에 그친다.

그렇다면 건강한 면역 시스템의 열쇠는 무엇일까.

이렇듯 대부분의 인간이 자신의 면역력이 약해질까 봐 걱정하는 것과는 달리 오늘날 인간의 면역계는 지나치게 활동적이어서 문제다. 꽃가루가 날리거나 고양이를 안을 때마다 연신 콧물을 흘리거나 재채기를 하는 사람들은 대개 자신이 면역 장애를 가졌다는 사실을 모른다. 그러나 분명이 면역 장애를 앓고 있는 이들에게 필요한 것은 면역 강화가 아니라 그 반대다. 알레르기는 면역계가 너무 강해서(적극적이어서) 신체에 무해한 물질까지도 공격하는 바람에 나타나는 증상이다. 실제로 알레르기 환자에게 처방하는 스테로이드 계 약물이나 항히스타민제는 면역계의 흥분을 가라앉혀 안정시키는 역할을 한다.

1989년 영국의 의사 데이비드 스트라찬(David Strachan)은, "알레르기는 감염성 질병으로부터 비롯한다"는 지난 세기를 지배한 가설을 정면으로 뒤엎는 새로운 가설을 내놓았다.

"알레르기는 감염이 너무 없는 환경 때문에 발생한다." 스트라찬의 연구에 따르면, 대가족과 어울려 사는 아이들은 형들이 집안으로 묻혀 들여오는 온갖 병균에 일찍이 감염되어 성장한 덕분에 알레르기성 질환에 면역력이 생긴 것이다. 이런 주장은 위생가설(Hygiene hypothesis)로 불리며 점차 설득력을 높여가고 있다.

그러나 위생가설은 장내에 병원균과 기생충이 사라지는 바람에 면역계가 공격 대상을 잃었다고는 해도 꽃가루나 비듬을 공격하기 전에 엄연히 남아 있는 공격하기 적합한 대상인 미생물총을 공격하지 않는 데 대해서는 해명하지 못한다. 더구나 미생물총은 면역계가 가장 집중된 곳에서 면역세포와 더불어 지낸다. 면역계가 마음만 먹는다면 얼마든지 공격하기 손쉬운 대상이다.

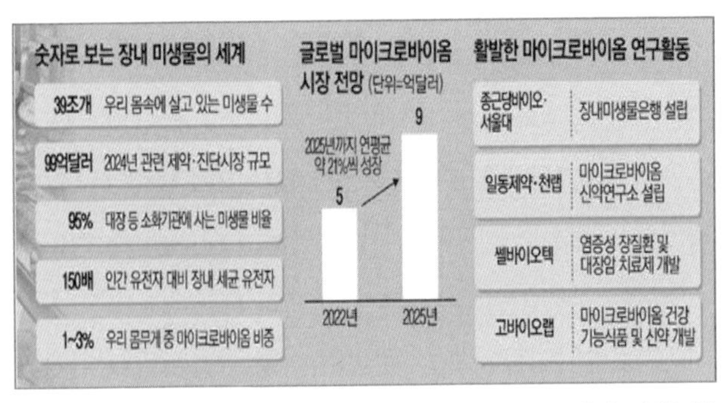

출처 : 마켓&마켓

그러나 넓은 의미에서는 여기에도 위생가설이 작용한다고 볼 수 있다.

비록 질병을 일으키지는 않지만 외부 침입자들인 미생물총의 존재는 대규모의 감염으로 볼 수 있다. 이들이 오랜 시간에 걸쳐 서서히 침투해왔을 뿐만 아니라 숙주를 크게 이롭게 한 덕분에 면역계가 이들을 한 식구로 받아들이게 된 것일 뿐이다.

동물은 지금껏 한 번도 박테리아와 분리되어 살아본 적이 없다. 동물의 세포 안에 박테리아 유령이 잠입해 살고 있을 정도로, 이들의 인연은 각별하다.

이 유령 박테리아는 원래 가장 단순한 형태의 박테리아였는데 커다란 세포에 잡아먹히는 바람에 그 안에 살게 되었다가 세포호흡으로 포도당을 에너지로 전환시키는 능력을 얻으면서 숙주에게 꼭 필요한 존재가 되었다.

세포 내의 화학발전소로 불리는 미토콘드리아(mitochondria)다.

버펄로는 사자 무리도 사냥을 하다가 뒷발에 차여 나가떨어질 만큼 힘이 세지만 장내에 풀을 소화시켜주는 미생물총이 없다면 생존할 수조차 없다.

그들은 함께 진화해온 것인데, 이런 숙주와 미생물체의 조합을 전생물체(holobiont)라고 한다.

이스라엘의 생물학자 유진 로젠버그 등은 상호의존적이고 진화상 필연관계에 있는 전생물체를 자연선택이 작용하는 새로운 수준으로 제시한다. 진화 과정에서 생식적 가치에 따라 선택되는 것은 개체, 개체군, 유전자만이 아니라 전생물체도 포함된다.

인간의 면역계 역시 미생물과 분리되어 진화할 리 없다. 우리 인체의 면역계는 우리 몸에 약을 주는 녀석이든 병을 주는 녀석이든 100만 년을 넘도록 모두 품에 안고 여기까지 왔다. 그래서 면역세포들은 미생물총의 존재를 누구보다 잘 알고 있을 것이다. 그리고 그것이 없다면 오히려 숙주의 균형이 무너져 자신들도 존재할 수 없으리라는 것을 잘 알고 있을 것이다.

2. 이제는 항생제 대신 미생물

인간을 비롯한 포유류의 소장 내벽에는 국경 검문소 역

할을 수행하는 파이어판(Peyer' s patch)이 있다. 1677년, 스위스 해부학자 요한 파이어(Johann Peyer, 1653~1712)가 그 역할을 자세히 기술한 데 따라 붙인 이름이다. 세포들이 무리를 지어 일렬로 늘어서 검문대열 모양을 띤 각 판(板)에는 검문관인 면역세포가 상주하여 장벽세포를 넘나드는 모든 물질을 통제한다. 그러다 의심스런 입자가 발각되면 곧바로 장은 물론 몸 전체에 걸쳐 수색작업을 개시한다. 반면에 무균 동물의 장내에서는 그런 작용이 제대로 일어나지 못한다. 그래서 대개는 숙주가 안전지대(무균실)를 벗어나기 바쁘게 감염에 걸려 죽고 만다.

생쥐에게 항생제를 투여한 후에 독감 바이러스를 코에 주입하면 면역세포가 바이러스와 싸워 이겨내지 못하므로 독감에 걸리지만 항생제를 투여하지 않은 생쥐는 멀쩡하다. 항생제를 투여한 생쥐의 몸에서는 감염이 폐로 번지는 것을 막을 만큼의 충분한 면역세포와 항체가 생성되지 않기 때문이다.

이런 사실은, 항생제는 감염을 치료하기 위해 사용하는 약물이지 감염을 쉽게 하려고 사용하는 약물이 아니라는 점에서 역설적이다. 항생제가 하나의 감염을 치료하느라 다른 감염 통로를 열어놓은 건지도 모르겠지만, 분명한 것은 미생물총이 균형을 잃었을 때 신체는 병원성 미생물에 무방비로 노출된다는 점이다. 여기서 주목되는 것은, 미생물총의 전체 숫자가 항생제 때문에 줄지는 않는다는 것이다. 동일한 숫자를 유지한 채 종들의 조성만 바뀌는 것인데, 어떤 종이 미생물총을 구성하느냐에 따라 면역계의 대응방식이 달라진다는 것이 변화의 핵심이다.

항생제가 면역계의 기능을 부정적으로 바꾸는 것이 사실이라면 항생제 복용이 결국 몸에 해로운 영향을 끼치는 것은 아닐까.

수만 명의 환자를 대상으로 실시한 조사에서 여드름 치료를 위해 항생제를 복용해온 환자는 그렇지 않은 환자에 비해 감기나 기타 감염 질환에 걸릴 확률이 2배나 높게 나왔다. 영국의 한 연구진은 1990년대 초에 임신한 여성 1만 4,000명에게서 태어난 아이들을 대상으로 2013년까지 수집한 정보를 분석했다. 놀랍게도 2세 이전에 항생제를 복용한 아이들이 전체의 74퍼센트에 달했는데, 이 아이들은 8세 이전에 천식에 걸릴 확률이 2배나 높았다.

이런 조사 결과는 위생가설의 효력을 유지시켜 주지만

면역계는 왜 더 위협적으로 여겨지는 체내 미생물은 못 본 체하고 무해한 알레르기 유발 물질을 공격하여 자극시키는지 하는 의문은 여전히 남는다.

스웨덴의 생물학자 아그네스 올드는 1998년 위생가설에 맞서는 대안을 처음으로 제시했다. 위생가설은 감염과 알레르기의 상관관계를 뒷받침하는 증거가 충분치 못해 한계를 드러내고 있었는데, 올드가 그 상관관계를 설명할 수 있는 연결고리를 찾아낸 것이다. 올드의 동료는 스웨덴과 파키스탄의 병원에서 태어난 아기의 장내 미생물을 비교했는데, 스웨덴 아기의 장내에는 파키스탄 아기의 그것보다 박테리아의 다양성, 특히 엔테로박테리아의 다양성이 현저히 떨어졌다.

파키스탄의 위생 환경은 스웨덴보다 훨씬 열악했지만 그렇다고 파키스탄의 아기들이 더 아프거나 더 쉽게 감염에 노출되는 일은 없었다. 파키스탄 아기들의 장에는 엄마의 대변에서 발견되는 박테리아를 비롯하여 성인의 장에서 발견되는 박테리아가 증식하고 있을 뿐이었다. 그런데 스웨덴에서는 조산사가 출산 전에 산모의 음부를 닦아내도록 지침서에 명시되어 있다. 이로 인해 갓 태어난 아기의 장에 자리 잡는 미생물의 종이 완전히 바뀔 수도 있는데, 올드는 그렇다면 알레르기 증상을 유발하는 것이 감염에의 노출 유무가 아니라 미생물 조성의 변화가 아닐까, 의심하기에 이르렀다. 추적 결과 역시 그의 의심이 맞았다. 알레르기는 개별 종보다는 미생물의 다양성과 연관이 있는 것으로 보였다.

그렇다면 이제 우리가 염려해야 하는 것은, 서구화된 생활방식의 영향으로 우리 몸의 장내 미생물총의 다양성이 감소하고 있다는 점이다.

3. 왜 미생물이 새로운 대안인가

시디프(c-diff) 박테리아는 1980년대 후반에 발견되었는데, 일반인의 5퍼센트쯤은 이 박테리아를 장내에 담고 있다. 시디프는 독소를 내뿜는데 우리 몸은 그에 대응하는 항체를 만들어내서 별 문제가 없다. 그러나 늙어서 면역력이 크게 저하되면 독소의 양이 늘어나 복통이나 설사를 앓을 수 있다. 단순히 설사만 일으키던 시디프가 미국, 영국

등 선진국에서는 심각한 질병으로 진화하고 있다. 수명이 길어졌기 때문인데, 과거 미국에서만 3만 명이 시디프로 사망했다.

시디프는 항생제 남용과도 관련이 있다. 장내에서 균형을 유지하고 있는 미생물총의 균형이 항생제로 인해 깨지면 시디프가 더욱 활개를 칠 수 있다는 것이다. 더 큰 문제는 시디프가 병원에서 상당히 오래 생존해 사람한테 옮는다는 점이다. 그래서 선진국들은 20~30년 전부터 국가가 시디프를 관리하고 있지만, 미국의 경우 시디프로 인한 병원비 지출이 한 해 최대 48억 달러에 이를 정도로 심각한 상황이다.

수잔나는 산고를 겪다가 불가피하게 제왕절개로 아기를 분만했다. 병원에서는 수술 부위가 곪지 않도록 당연히 항생제를 투여했다. 출산 후 아기와 함께 집으로 돌아온 수잔나는 유선염에 걸린 데다가 설사까지 시작했다. 심한 설사로 인한 고열과 탈수로 입원해야 했는데, 시디프에 감염된 것이었다.

시디프 감염은 치명적인 대장 감염증으로 보통 항생제 치료 이후에 발병한다. 시디프 전염을 막기 위해 수잔나는 병원에 격리되었다. 그리고 시디프를 잡기 위해 또 다른 항생제를 복용한 끝에야 겨우 정상으로 돌아갔다.

앤드루의 엄마 엘렌은 항생제 치료 중 아이가 갑자기 자폐 증상을 얻게 된 데 의문을 품고 원인을 밝히기 위해 미생물의 세계에 뛰어들었다. 엘렌은 중이염 치료 목적으로 처방받은 항생제가 앤드루의 장에 사는 유익한 박테리아까지 모조리 없애자 그 빈자리를 신경독소 물질을 생산하는 다른 박테리아가 차지한 것이 아닌지 의심했다. 연구 결과 그 의심이 결국 옳은 것으로 판명되었다.

항생제 남용과 항균 제품에 대한 맹신으로 우리 몸속 미생물 조성이 더욱 악화되고 있다. 그로 인해 배앓이가 늘고, 피부는 더 예민해졌으며, 정신건강이 위협받고, 심하게는 시디프 감염증 같은 자가면역 질환으로 많은 사람들이 고통 받고 있다.

이 병들을 치료하는 데는 거의 예외 없이 항생제가 사용된다. 그러나 거듭된 항생제 치료에도 내성 때문에 차도가 없는 환자가 늘고 있다.

또 균을 선택적으로 죽이지 못한 결과 장내 미생물의 조성이 더 악화된다. 이를 해결할 새로운 치료법이 제안되고 있는데, 바로 대변 미생물 이식이다.

대변 미생물 이식은 박테리오 테라피, 트랜스푸전(Transpoosion)이라고도 한다. 이것은 인간의 발상이 아니라 다른 동물들이 전부터 흔히 행해온 것이다. 토끼와 설치류에게 자신의 똥은 필수 식단의 일부이며, 암컷 코끼리가 질척한 똥을 싸는 것은 어린 코끼리가 똥을 코로 쉽게 퍼 올려 먹을 수 있도록 한 것이다.

평생을 침팬지 연구에 바친 동물학자 제인 구달(Jane Goodall, 1934~)에 따르면, 일부 야생 침팬지는 새로운 과일을 탐닉하다 설사병에 걸리면 다른 침팬지의 똥을 먹는다는 것이다. 이미 그 과일에 익숙해진 침팬지의 똥을 섭취함으로써 그에 적합한 미생물을 얻으려는 전략인 것으로 보인다.

실제로 동물원에서 사육하는 침팬지에게 섬유질이 풍부한 잎을 먹이로 주었더니 남의 똥을 먹는 행동이 크게 줄어들었다고 한다. 그때 침팬지는 잎을 씹어 먹지 않고 혀 밑으로 넣어 빨아먹었는데, 그 잎을 분해하여 먹고 사는 박테리아를 섭취하려고 그랬을 것이다.

장내미생물의 기능

1. 면역체계를 강화(면역시스템 교육, 군대양성)

- 장내 미생물과 출산

2. 대사작용

- 사람이 소화시키지 못하는 물질들을 분해하여 흡수에 도움

- 단쇄지방산 배출

(유해균 억제, 염증반응과 암 발생 억제, 비만 예방)

- 담즙대사 관여

- 미생물의 종류와 다양성으로 약물대사과정에 관여

3. 유전자 발현

사실 똥에 들어 있는 질병 치유의 열쇠를 처음 발견한 주인공은 현대의 의사들이 아니다.

먼 옛날 4세기에 중국의 의사가 진료수첩에 "식중독이나 설사를 앓는 환자에게는 건강한 사람의 똥으로 만든 음료수를 먹이면 놀라운 효험을 볼 수 있다"고 기록했다.

그로부터 한참 뒤인 16세기에도 중국 의서에 황탕(黃湯)이 언급되는데, 똥으로 만든 음로수를 말한다. 시디프에 감

염된 페기는 그치지 않는 설사로 인해 몸이 급격히 마르고 더 이상 처방할 항생제도 없는 상태에서 지푸라기라도 잡는 심정으로 전혀 새로운 치료법을 시도하고자 남편과 함께 캘리포니아행 비행기에 몸을 실었다.

남편의 똥을 자신의 장내에 이식하기로 한 것이다. 페기는 병원에 도착한 즉시 결장 내시경으로 남편의 똥을 걸러서 나온 미생물을 이식한 이후 빠르게 정상을 되찾아갔다. 며칠이 지나자 설사가 완전히 멈추고 2주가 지나자 머리카락이 다시 자라기 시작했다. 얼굴의 여드름도 말끔히 들어가고 몸무게도 정상으로 회복되어 갔다.

시디프 감염에 항생제를 처방하면 치료 확률이 30퍼센트에 불과하지만 한 번의 미생물 이식으로 완치율을 80퍼센트까지 높일 수 있다. 재발하여 두 번째 이식한다면 완치율이 95퍼센트까지 올라간다.

똥을 이식한다고 하면 대개는 코를 싸매고 인상을 쓰겠지만 정확하게는 치료에 필요한 미생물을 이식하는 것이다. 이 미생물 이식은 간편하고도 획기적인 치료법으로, 실제로 많은 사람들을 심각한 질병으로부터 살려냈다.

이 미생물 이식은 우리가 먹는 유산균 캡슐과 같은 발상에서 비롯된 것이다. 장에 유익한 균을 배달하는 이 획기적인 치료법은 유산균보다 더 빠르고 강력한 영향력을 미친다.

4. 숙주와 상부상조하는 미생물

새로운 연구 결과에 따르면 비만은 단지 많이 먹기 때문에 나타나는 증상이 아니라 에너지 조절에 관련된 질병으로 여겨진다. 물론 나쁜 식습관이나 운동부족도 살이 찌는 원인을 제공하지만 그것은 이제 비만의 한 가지 루트에 불과할 뿐이라는 사실은 이제 상식이다.

10여 년 전에 방영된 한 텔레비전 다큐멘터리에서는 살이 찌는 유력한 원인으로 부족한 수면과 불규칙한 식습관을 들었다. 다양한 실험 결과 그것은 먹는 양보다 비만에 훨씬 깊숙한 영향을 미치는 것으로 판명되었다. 그러니까 적어도 많이 먹어서 살이 찐다는 것은 이제 비만을 설명하는 가설로서 설득력을 거의 상실했다는 얘기다.

오늘날 수많은 연구 결과들이 비만은 섬유질 섭취의 부

족과 관련이 있음을 보여준다. 오랜 연구 조사에 따르면, 섬유질이 풍부하게 함유된 거친 곡물을 많이 섭취한 사람들은 섬유질 함량이 낮은 잘 정제된 곡물을 많이 섭취한 사람들보다 체질량지수가 지속적으로 낮게 나타났다. 다른 연구는 저열량 식단에 섬유질을 보충해주면 체중이 줄어든다는 사실을 보여주었다.

이처럼 섬유질 섭취량을 늘리면 체중 감소에 긍정적으로 작용하는 것으로 보인다. 섬유질은 탄수화물에 대한 일반의 오해 때문에 그 섭취가 극도로 부족해지기 쉽다. 지방이나 섬유질도 그렇듯이 탄수화물이라고 다 같은 게 아니다. 저탄수화물 다이어트에 몰두하는 사람들은 탄수화물은 다 나쁘다고 말하지만 잘못 알고 있는 것이다. 설탕도 탄수화물이고 브로콜리도 탄수화물이다.

케이크는 60퍼센트가 탄수화물인데 정제된 밀가루와 설탕 때문에 모두 소장에서 빠르게 흡수된다. 그러나 브로콜리는 70퍼센트가 탄수화물이지만 절반이 섬유질로 구성되어 있어서 대장에서 미생물에 의해 분해된다.

현미에도 섬유질로 구성된 탄수화물이 다량 함유되어 있다. 그래서 저탄수화물 식단에는 대개 섬유질이 극도로 부족하다.탄수화물을 섭취하는 데 중요한 것은 탄수화물의 양이 아니라 곧바로 소장에서 흡수되는지, 아니면 지방산으로 변환되어 대장에서 흡수되는지 하는 탄수화물이 흡수되는 장소다.

식품의 형태 또한 섬유질 함량에 영향을 미친다. 100그램의 완전한 통밀은 12.2그램의 섬유소를 함유하지만 통밀가루로 빻으면 10.7그램으로 줄고, 흰밀가루로 만들면 3그램만 남는다. 500밀리미터의 과일 스무디는 4~6그램의 섬유질을 함유하지만 그 재료를 과일 그대로 먹으면 8~12그램의 섬유질을 섭취할 수 있다.

밀에 들어 있는 글루텐이나 유제품에 들어 있는 락토스는 이미 오래 전부터 어른이 되어서도 소화할 수 있도록 인간의 장은 진화해 왔다. 그런데도 이런 음식에 대한 내성이 없어서 질환에 걸린다면 그 근본 원인은 우리 자신의 게놈이 아니라 파괴되어버린 우리 몸속의 미생물 유전체에서 찾아야 할 것이다.

미국의 환경운동가이자 저널리스트 마이클 폴란(Michael Pollan, 1955~)은 일찍이 섭생에 관한 명언을 남겼다. "적게 먹고 채식을 하라." 폴란의 명언에 따르면 우리는 화학방부제로 신선함을 위장한 포장식품을 피할 수 있고, 췌장 · 지방세포 · 식욕이 따라갈 수 없을 정도의 과식을 피할 수 있으며, 채식을 함으로써 인간과 미생물 모두를 행복하게 할 수 있다.

우리 몸속 장내의 균형을 유지하는 데는 섬유질이 필수적이지만 우리가 섬유질을 아무리 많이 섭취해도 장내의 미생물 없다면 전혀 분해할 수 없어서 무용지물이 된다. 우리가 균형 잡힌 영양소를 섭취하는 것도 중요하지만 우리 몸속에 상부상조하는 미생물이 없다면 우리는 몇 가지 중요한 영양소를 전혀 섭취할 수 없게 된다. 사람은 먹는 대로 간다. 한 사람이 먹는 음식이 그 사람을 만들고, 나아가 그 사람의 장내에 있는 미생물이 섭취하는 것이 그 사람을 만든다.

5. 장내 미생물총에 영향을 미치는 바이오틱스

미생물은 우리 몸의 피부와 점막 그리고 장내에서 일정한 균형을 이룬 채 살고 있다(점막은 눈과 귀, 입속, 콧속,

항문, 소화기, 여성의 질, 남성의 요도 윗부분 등에 퍼져 있다).

특히 우리 몸속 장내의 소장과 대장에는 대부분의 미생물이 집단을 이루며 살고 있는데, 소장과 대장에 사는 미생물들로 이루어진 '미생물 방어막'을 미생물총(microflora)이라고 한다.

미생물총은 박테리아와 경쟁관계에 있는 곰팡이나 기생충과 같은 해로운 미생물을 장내에 살지 못하게 한다. 우리 몸의 면역계를 건강하게 유지하기 위해 미생물을 이용하는 것이다. 그러나 항생제의 오남용으로 미생물총의 균형이 무너지면 해로운 미생물이 득세하게 되어 독소를 분비함으로써 온갖 질병을 유발한다.

그런데 이런 장내 미생물총에 영향을 미치는 바이오틱스(biotics)에는 다양한 종류가 있다. 미생물총에 나쁜 영향을 미치는 안티바이오틱스(antibiotics) · 제노바이오틱스(xenobiotics)가 있는가 하면, 좋은 영향을 미치는 프로바이오틱스(probiotics) · 프리바이오틱스(prebiotics) · 신바이오틱스(synbiotics) · 포스트바이오틱스(postbiotics)가 있다.

장내 미생물총에 영향을 미치는 바이오틱스의 종류		
유해한 바이오틱스	안티바이오틱스	장내의 유해 미생물뿐만 아니라 유익 미생물까지 사멸시키는 항생제를 말한다.
	제노바이오틱스	장내의 상피세포를 망가뜨리는 환경 독소를 말한다.
유익한 바이오틱스	프로바이오틱스	착한 유산균으로, 우리 몸에 유익한 영향을 미치는 미생물과 그것의 함유 식품을 말한다.
	프리바이오틱스	유익 미생물의 먹이가 됨으로써 유익 미생물이 유해 미생물보다 더욱 번성하게 하는 물질을 말한다.
	신바이오틱스	프로바이오틱스와 프리바이오틱스가 함께 들어 있는 제품을 말한다.
	포스트 바이오틱스	장내 유익 미생물의 대사산물을 말하는데, 박테리오신과 단쇄지방산이 있다.

안티바이오틱스는 "생명활동을 막는다"는 뜻으로, 주로 항생제를 가리킨다. 사실 우리가 직접 복용하는 항생제는 30퍼센트에 불과하고 나머지 70퍼센트는 항생제에 노출된 어류나 육류와 같은 음식물을 통해 우리 몸에 스며들어 쌓인다. 이렇게 우리 몸에 들어온 항생제는 장내의 유해 미생물뿐만 아니라 유익 미생물까지 사멸시켜 장내 미생물총의 균형을 무너뜨린다.

제노바이오틱스는 장내의 상피세포를 망가뜨리는 환경

독소를 말한다. 우리 몸은 일상에서 사용하는 화장품, 비누, 세제(샴푸, 세탁세제, 주방세제), 치약은 물론 식품첨가제, 살균제, 표백제, 인공향신료, 잔류농약, 환경호르몬 등에서 품어내는 독소에 상시로 노출되어 있다. 참고로, 상피세포는 내장기관의 내부 표면을 덮고 있는 세포를 말하는데, 소화기관의 상피세포는 소장에서는 영양소를 흡수하고 대장에서는 수분을 흡수한다. 제노바이오틱스는 바로 이런 상피세포를 파괴하는 것이다.

프로바이오틱스는 "인체를 위한" 착한 유산균으로, 우리 몸에 유익한 영향을 미치는 미생물을 말하는데, 그것을 함유하는 제품이나 식품도 포함한다. 프로바이오틱스는 장내의 미생물총을 개선하여 우리 몸에 좋은 작용을 하도록 촉진한다. 따라서 많은 질병을 예방할 수 있게 한다. 프리바이오틱스는 장내 대장에 이르러 유익 미생물의 먹이가 됨으로써 유익 미생물이 유해 미생물보다 더욱 번성하게 한다. 유익 미생물의 기운을 돋우는 일종의 영양제 역할을 하는 것이다. 이런 프리바이오틱스 성분이 함유된 식품으로는 콩, 현미, 감자, 고구마, 사과, 자두, 복숭아, 돼지감자, 우엉, 치커리, 양파, 연근, 마, 채소류, 해조류 등이 있다.

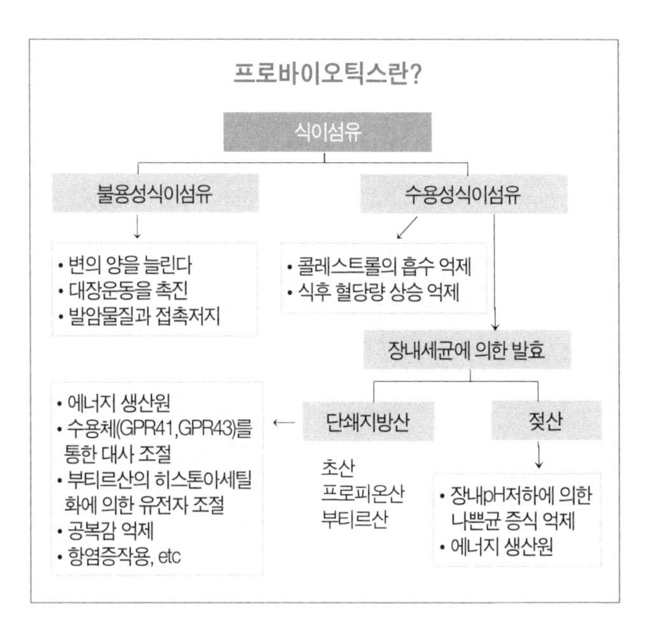

신바이오틱스는 시너지(syn은 synergy)를 일으키는 바이오틱스라는 뜻으로, 프로바이오틱스와 프리바이오틱스가 함께 들어 있는 제품을 가리킨다.

이 제품을 섭취하면 프리바이오틱스는 프로바이오틱스의 먹이가 될 뿐 아니라 이미 존재하는 장내 유익 미생물의 먹이도 되므로, 장내 유익 미생물의 증식을 더욱 활성화시킬 뿐만 아니라 프로바이오틱스 제품의 보존 기간도 늘려주는 시너지 효과를 볼 수 있다.

포스트바이오틱스는 장내 유익 미생물의 대사산물을 가리키는데, 박테리오신(Bacteriocin)과 단쇄지방산(short-chain fatty acids)이 있다. 박테리오신은 유산균이 만들어내는 식물성 천연 항생물질로, 유산균보다 활성이 훨씬 강해서 장 점막에 깊숙이 작용한다. 그래서 장내에 어렵잖게 토착한 박테리오신은 면역질환, 암 등을 일으키는 유해 미생물을 선택적으로 사멸시킴으로써 유익 미생물 증식을 촉진하고 장을 깨끗이 청소해주는 고마운 존재다.

포화 지방산인 단쇄지방산은 수용성 식이섬유나 전분 당질이 발효할 때 생성되는 물질로, 이것을 만드는 발효균 자체가 장내 유익 미생물이다. 이들 유기산은 우리 몸의 면역력을 높여 건강을 증진하는 데 중요한 역할을 수행한다.

4장 마이크로바이옴으로 건강을 되찾은 사람들

만성질환이 사라졌다

김성숙(여) 부산광역시 사하구 하단동
증상 : 근골격계 , 염증, 변비, 하체부종, 위장 질환, 경피독

저는 헤어디자이너로, 20년간 한 길을 걸으며 최선을 다해 살아왔습니다. 하지만 건강에 대한 무지와 잘못된 생활습관으로 인해 30대 초반의 젊은 나이에 늘 만성질환에 시달려 왔습니다

바쁘다는 이유로 참고 또 참고 참다가 응급실로 실려가는 일이 연례행사에서 반기, 분기로 빈도가 잦아지는데 믿고 치료를 맡긴 현대의학은 만성질환을 변변히 치료하

지 못했습니다.

그러던 중 언니로부터 예방의학과 건강관리에 대한 올바른 정보를 듣고 배우면서 최근 의학계와 예방의학 분야에서 뜨겁게 다루어지는 마이크로바이옴에 대한 이해와 공부를 통해 장내 미생물의 균형 있는 관리가 건강의 회복과 관리에 매우 중요하다는 것을 알고 마이크로바이옴 기술이 함축되어 있는 제품을 섭취하고 다시 한 번 놀라운 경험을 하게 되어 이렇게 글로 남기려 합니다.

마이크로바이옴 기술이 함축되어 있는 제품을 섭취하면서 과거 병력에서 나타났던 근골격계 통증과 설사, 가래, 목소리 잠김(과거 성대결절), 두통, 몸살, 관절통증(과거 근육주사 맞은 곳) 등의 호전반응이 일어나고 이틀을 꼬박 몸살로 드러눕게 되었습니다.

하지만 일주일 정도 지나자 거짓말처럼 호전반응의 통증과 불편함이 사라지면서 피부가 맑아지고 근골격계 통증이 가시고, 얼굴선이 가름하게 변하고, 변의 색깔이 너무나 선명한 황금색으로 바뀐 데다가 쾌변을 보게 되었습니다.

또한 식감도 살아나고, 너무나 활기찬 하루하루를 보내

고 있습니다. 지금은 이런 감동을 주변의 많은 미용인들에게 널리 알려서 저와 같은 만성질환으로 인한 고통에서 벗어날 수 있도록 마이크로바이옴의 건강전도사가 되고 싶습니다. 더 많은 사람들이 건강의 파수꾼인 마이크로바이옴의 중요성을 알고 잘 활용하여 활기차고 행복한 삶을 살기를 소망합니다.

마이크로바이옴으로 되찾은 쾌변과 숙면

김은진(여) 부산시 사하구 다대2동

증상 : 장누수증후군, 우울증, 불면증, 역류성식도염, 혈액순환장애(수족냉증), 중지 발가락 동상, 생리통, 메니에르(이명), 매년 감기 3~4회 반복

저는 30대 중반으로, 초등학생 아들 한 명을 키우고 있는 평범한 가정주부입니다. 출산과 육아의 시점에 남편의 해외 출장으로 극심한 스트레스와 불규칙한 식사로 많은 면역 질환과 부교감신경 불균형, 후두비염까지 있었습니다. 따라서 병원을 찾아 수면제와 위장약, 지사제, 두통약을 자주 복용하고 있었습니다.

그러던 중 지인으로부터 마이크로바이옴에 대한 중요성과 장내 미생물 환경에 대한 정보를 접하고 혹시나 하는 기대로 제품 섭취를 하기 시작했습니다. 과거에도 식이섬유를 섭취한 경험이 있어 별 거부감 없이 섭취하기 시작했는데 섭취 후 놀라운 경험이 다시 시작되었습니다. 닷새 동안 설사만 하다가 다음날 숙변이 나오는가 하면 다시 설사가 반복되기도 하고 이명이 다시 생기고 사라지기를 반복하면서 호전반응을 심하게 경험하게 되었습니다.

그리고 보름이 지나니 변이 안정되고 피부가 맑아지고 기미가 줄어드는 것을 볼 수 있었습니다. 또한 목 갑상선 쪽 붓기가 빠지고 다크 서클이 줄어들기 시작했습니다. 더욱 놀라운 것은 불면증으로 너무나 힘든 밤을 보냈는데 걸핏하면 잠이 쏟아지고 숙면을 취하게 되었습니다. 정말 놀라운 경험이 아닐 수 없습니다. 아직은 제품을 경험한 지 한 달여에 불과하지만 앞으로가 더 기대되는 제품입니다.

초등학교 저학년인 제 아들 또한 제가 면역력이 약해서 그런지 어려서부터 비염이 심해 입을 벌리고 잠을 자고, 입냄새가 심하고 몸에 물사마귀가 많았습니다. 그리고 장염에도 자주 걸리고, 온갖 감기를 달고 사는가 하면 손에 껍질이 자주 일어났습니다. 이제껏 한약으로 건강관리를 해왔는데 별 호전이 없었습니다.

그러던 중 이번에 아들과 함께 마이크로바이옴 제품을 섭취하고 놀라운 경험을 하게 되었습니다. 여러 호전반응이 나타나면서 기적처럼 좋아져서 건강한 삶을 살고 있습니다. 정말 저의 모자처럼 면역력이 약하신 분들에게 강추합니다. 가족 건강, 마이크로바이옴으로 지켜내세요.

기적을 체험하고 있습니다

옥나율(여) 경남 함안군 칠원읍
증상 : 비염, 피부 트러블, 변비, 만성피로

저는 9년 동안 학생들에게 수학을 가르치는 일을 해오고 있습니다. 저는 초등학교 때부터 다양한 종류의 운동을 해 왔는데, 특히 10년 이상 해온 검도는 제 심신의 건강을 지키는 데 크게 도움이 되었습니다. 하지만 운동에만 의지했을 뿐 식이조절을 하지 않은 탓에 비염을 가지고 살아왔습니다.

중학교 때부터 돋기 시작한 여드름과 시도 때도 없이 찾아오는 비염 탓에 생활하는 데 큰 불편을 겪었습니다. 여드름은 화장으로 가리고, 비염은 휴지와 함께 억누르고 숨기며 지내오다가 엄마로부터 건강에 대해 새롭게 정보를 얻고 공부하게 되었습니다. 그러다 장내 미생물의 균형이 맞지 않아 이런 심각한 질병들이 발병한다는 사실을 알게 되었습니다.

따라서 마이크로바이옴 기술로 만들어진 제품을 섭취하면서 놀라운 경험을 하게 되었습니다.

한 번도 겪지 못했던 변비가 2주 이상 지속되고, 비염이 한동안 억눌려져 있던 끝에 사흘 가량 맑은 콧물이 쉼 없이 흘러내리고, 평생 감기 한 번 걸리지 않던 제가 하루는 몸살기운이 몰려오는 성싶더니 열이 불덩이처럼 들끓는가 하면 몸 여기저기에 여드름이 돋아나고 졸음마저 쏟아지는 고통을 심하게 겪게 되었습니다.

폭풍 같은 고통을 겪자마자 더욱 놀라운 경험을 하게 되었습니다. 여드름을 달고 살았던 지루성 피부는 밝은 톤으로 개선되고, 피로감도 없어지고, 변 상태도 양호해져 황금색을 가진 쾌변을 보게 되고, 몸살기운과 콧물도 언제 그랬냐는 듯 멈추었습니다. 그리고 지금은 정말 편안하고 활기찬 나날을 보내고 있습니다.

마이크로바이옴 제품과 유산균 덕분에 장내 유해균과 유익균의 균형이 이루어져 장기간 고통 받던 질환으로부터 벗어나게 되어 너무나 행복합니다.

이런 경험을 계기로 많은 사람들과 마이크로바이옴의 기적을 공유하고 싶습니다. 여러분, 마이크로바이옴을 통해 건강을 되찾기 바랍니다.

건강한 생활의 출발

박혜경(여) 경남 창원시 마산합포구
증상 : 만성피로, 근육통, 다리 저림, 복부비만, 과체중

저는 14년간 병원에서 물리치료사로 일해 왔습니다. 그 동안 다른 사람들의 몸을 치료하면서 정작 제 몸은 돌보지 못한 것 같습니다. 항상 만성피로와 근육통에 시달렸고 결혼한 지 7년이 되도록 임신이 되지 않아 현대의학의 너무나 많은 시술(인공수정, 시험관)을 받아 왔지만 번번이 실패했습니다. 그러던 중 대체의학의 도움으로 결혼 8년 만에 예쁜 딸을 낳았습니다.

이때부터 대체의학에 관심을 갖게 되었는데 최근에는 마이크로바이옴에 대해 알게 되었습니다. 관심을 가지고 공부를 한 결과 제품을 섭취하면서 가장 좋았던 경험은 다이어트였습니다. 아이를 출산한데다가 최근에 당한 교통

사고로 입원하면서 크게 불어난 불필요한 살들을 빼고자 꾸준히 식이요법을 해왔는데도 불구하고 만족할 만큼의 효과를 보지 못해 늘 고민이 많았습니다.

그런데 마이크로바이옴 제품을 섭취하면서 몸무게가 감소한 것은 물론 한 달 사이에 체지방이 4킬로그램 이상이나 빠지면서 작아서 못 입던 옷들을 입게 되고 날씬해졌다는 말을 듣게 되었습니다. 저도 모르는 사이에 장 속의 비만세균이 정리가 되었나봅니다.

또 하나의 변화는 피부입니다. 피부의 톤이 얼마나 환하게 밝아졌는지 주위에서 다들 화장법을 바꾸었는지 물어볼 정도입니다. 그리고 한 가지 더 말씀드리자면, 임신을 했을 때도 대체의학으로 관리를 했고, 아이의 건강관리도 마찬가지였습니다. 그래서인지 아이는 5세가 되도록 크게 아픈 일이 없었고 잘 성장해 왔습니다. 그런 아이가 평소 야채를 잘 먹지 않아서인지 변비가 심해 변을 볼 때마다 힘들어 했습니다.

그런데 마이크로바이옴 제품을 섭취하고 확 달라졌습니다. 이제는 끙끙대지 않고 너무나 시원하게 변을 보고 있습니다. 물에 희석해서 먹는 제품이라 덩달아 물도 많이 먹게 되어 효과가 배가되는 것 같습니다. 우리 모녀에게 평안과 건강을 되찾아준 마이크로바이옴에 감사하고, 꾸준히 섭취하여 더욱 건강한 삶을 영위할 것입니다. 저희 모자와 같은 증상을 가진 분들께 적극 권해 드립니다. 마이크로바이옴이 건강한 생활의 출발입니다.

일석사조의 건강 지킴이,
마이크로바이옴

오도원(여) 경남 창원시 마산회원구
증상 : 민감성 장증후군, 아토피, 갑상선 결절, 역류성 식도염, 복부비만

저는 40대 중반의 평범한 주부입니다. 저는 청소년기부터 다이어트에 관심이 많았는데 적게 먹고 많이 움직이면 된다고 생각하여 거의 매일 1시간 이상 배드민턴을 쳤습니다.

그런데 운동량에 비하면 살은 좀처럼 빠지지 않았습니다. 그저 더 찌지 않는 것에 만족해야 했습니다. 적잖은 집안 살림에다 분주한 보험설계사 일을 하다 보니 스트레스를 받았는지 건강검진에서 갑상선 결절과 역류성 식도염 증세 판정을 받았습니다. 게다가 우유를 마시면 설사를 하고 긴장하면 배가 아파 화장실을 수시로 들락날락해야 했습니다.

저는 이런 것을 그저 장이 약하게 태어난 탓으로만 돌렸습니다. 저는 민감성 장 증후군에 대한 지식이 전혀 없어서 잘못된 식습관을 개선할 생각은 미처 하지 못했습니다. 평소 즐겨 먹던 빵과 과자가 장 환경을 그토록 나빠지게 했으리라고는 전혀 생각지 못한 것이지요.

그리고 아토피도 문제였어요. 아주 심하진 않았지만 여름에 땀을 많이 흘리거나 옷의 금속부분이 피부에 닿으면 가렵고 좁쌀 같은 피부발진이 생겨 해마다 한두 차례는 피부과 신세를 져야 했습니다.

그러던 중 평소 잘 알고 지내는 후배 덕분에 화농성 여드름이 식이섬유와 유산균 등을 섭취하고 좋아지는 것을 보고 저도 장 건강관리의 중요성을 알게 되었습니다. 그리고 때마침 마이크로바이옴에 따른 장 건강과 질병의 상관관계에 대한 정보를 접하고 건강관리에도 철학이 있다는 것을 알고 물 마시기 습관을 시작으로 제품을 꾸준히 섭취하면서 생활에 많은 변화가 생겼습니다.

어떤 날은 3~4회 이상 가던 화장실 횟수가 아침에 한 번으로 시원하게 해결되고 먼 길을 떠나더라도 불안하지 않게 되었습니다.

또한 늘 고민이던 복부비만도 자연스럽게 개선되면서 너무나 가벼운 하루하루를 보내고 있습니다.

다음으로 개선된 점은 생각지도 않았던 피부 톤입니다. 지인들이 제 피부가 너무나 맑아지고 탄력이 생겼다면서 다들 화장품을 바꾸었는지 물어댑니다. 혼자 있을 때 제 얼굴을 보면 저도 모르게 웃음이 나옵니다.

스트레칭과 가볍게 걷는 정도의 운동만 하는데도 적정 체중이 유지되고 오히려 몸은 더 가벼워졌습니다. 더구나 이번 여름에는 폭염이 이어지는데도 아토피 증상이 사라졌습니다. 많은 분들이 저와 같이 마이크로바이옴 제품을 통해 여러 마리 토끼를 한 번에 잡기를 바랍니다.

격렬한 호전반응 끝에 찾아온 행복

김재경(여) 경남 창원시 의창구
증상 : 갑상선질환, 근육통, 만성피로, 관절통증, 콜레스테롤 불균형, 기미, 역류성식도염, 불면증

저는 6년 동안 꽃집을 운영하며 열심히 살아온 40대 후반의 중년 여성입니다.

영세 자영업자 대부분의 애로점인 불규칙한 식습관, 무리한 근력 사용, 인스턴트 음식 섭취, 과자 같은 군것질거리 섭취, 과도한 스트레스로 인해 40대 후반 갑자기 많은 질병이 한꺼번에 찾아왔습니다.

열심히 살아야 한다는 생각으로 앞만 보고 달려왔는데 시간이 갈수록 근육통과 관절통이 악화되고 만성피로와 갑상선질환 그리고 불면증으로 병원을 찾는 횟수가 늘어나고 치료를 위해 약을 먹다 보니 역류식도염, 콜레스테롤 불균형, 기미 등으로 건강은 더격히 악화되었습니다.

그러던 중 평소 가깝게 지낸 지인 덕분에 건강관리의 근본은 장 건강에 있으며, 장 건강의 핵심인 식이섬유와 장내 미생물의 중요성에 대해 알게 되었습니다. 그러면서 제가 그동안 얼마나 잘못된 식습관과 건강지식으로 살아왔는지를 깨닫게 되었습니다.

그리고 장내 미생물 균형을 찾아주는 마이크로바이옴 기술이 담긴 제품을 소개받고 체험하면서 더욱 놀라운 경험을 하게 되었습니다.

첫째, 엄청난 변의 양입니다. 숙변과 함께 너무나 많은 변이 나와서 놀랐습니다. 그런 현상이 일주일 이상 지속되었습니다.

둘째, 눈에서 눈곱 같은 노폐물이 분비되었습니다.

셋째, 아랫배에 일주일 이상 지속되는 복통을 겪었습니다.

넷째, 불면증을 다시 겪는 호전반응을 호되게 앓았습니다. 사전에 지인으로 부터 호전반응에 대해 듣지 않았다면 견뎌내기 어려운 증상들이었습니다. 그런데 그 시간을 견뎌낸 끝에 놀라운 경험을 하게 되었습니다.

첫째 근육통과 관절통증이 사라졌습니다.

둘째, 기미가 옅어지고 피부가 맑아졌습니다.

셋째, 불면증이 사라져 숙면을 취하게 되었습니다.

넷째, 만성피로가 사라져 활기차게 생활하게 되었습니다. 너무나 감사한 마이크로바이옴 제품의 체험을 저와 가족들 그리고 주변 지인들과 적극적으로 공유하고 싶습니다. 여러분도 하루 빨리 활기찬 삶을 되찾길 소망합니다.

5장 마이크로바이옴, 무엇이든 물어보세요

1. 마이크로바이옴이란 무엇을 말하나요?

A : 마이크로바이옴(Microbiome)은 우리 몸에 사는 미생물을 일컫는데, 미생물의 유전정보 전체를 일컫기도 하고, 미생물 자체를 일컫기도 합니다. 한편으로 마이크로바이옴은 미생물(Microbe)과 생물군계(Biome)의 합성어로 장내 미생물 생태계를 말하기도 합니다.

또 마이크로바이옴은 마이크로바이오타(Microbiota)와 게놈(Genome)의 합성어라고도 하는데, 마이크로바이오타는 "인간의 몸에 서식하며 공생관계를 갖는 미생물" 이라는 뜻입니다.

우리 몸에 서식하는 무려 100조에 이르는 마이크로바이옴은 대부분 소장 · 대장 등의 소화기관에 서식하는 장내 미생물인데, 이는 '제2의 유전체' 로 불리며 비만부터 당뇨, 아토피, 관절염, 암에 이르기까지 다양한 질병 치료의 열쇠로 주목받고 있습니다.

2. 마이크로바이옴은 건강기능식품으로도 나와 있나요?

A : 예. 마이크로바이옴을 활용한 많은 제품들이 이미 시장에 나와 있습니다. 현재는 장 질환을 비롯하여 비만, 당뇨 등에 효능이 있는 제품이 주를 이루고 있습니다.

마이크로바이옴 치료제 시장은 2024년 약 100억 달러 규모로 성장할 것으로 보이는데, 미국, 유럽, 호주 등에서 비만과 아토피, 장염, 알레르기, 비염 등에 대한 연구가 상당부분 진척되었고, 최근 자폐증과 우울증, 알츠하이머와 같은 신경계 질환의 발생과도 연관이 있다는 사실이 보고됐으며, 진단 분야만 해도 2024년 시장 규모가 5억 달러를 웃돌 것으로 전망됩니다.

우리나라에서도 마이크로바이옴의 연구개발이 더욱 활기를 띠는 가운데 많은 기업들이 다양한 관련 제품을 출시하고 있습니다. 생소한 기업에서 검증되지 않은 제품을 내

놓는 경우도 있어서, 제품을 선택할 때는 해당 업체의 신뢰도, 제품의 성분 등을 꼼꼼히 살펴볼 필요가 있습니다.

3. 장내 미생물을 건강하게 지키려면 어떻게 해야 하나요?

A : 장내 미생물을 하나의 생태계로 생각해 보시기 바랍니다. 다양한 생물종이 함께 살아가야 생태계가 안정적으로 유지되는 것처럼, 우리 장에도 다양한 미생물이 살아야 건강할 수 있습니다. 그러기 위해선 지금까지 즐겨 먹어온 빵이나 흰쌀밥을 먹는 것도 좋지만 미생물이 좋아하는 음식도 함께 먹어야 합니다.

미생물은 아몬드나 호두 같은 견과류, 채소, 껍질 있는 과일, 현미 등을 좋아합니다. 장내 미생물은 식습관이나 문화와 밀접한 관계가 있어서 나라마다 장내 미생물의 구성이 조금씩 다릅니다.

그러므로 우리의 장내에 어떤 미생물들이 살고 있고, 어떤 일들이 일어나고 있는지를 알아보아야 합니다.

4. 우리나라의 항생제 남용 실태는 어떤가요?

A : 무엇보다 우려되는 것은 우리나라가 세계에서도 손꼽히는 항생제 과소비국이며, 나아가 오남용의 대표적인 사례 국가라는 사실입니다.

보건복지부에 따르면 우리나라 국민의 항생제 하루 사용량(2016년 기준)은 1,000명당 34.8DDD로 OECD 평균 소비량 21.1DDD보다 훨씬 높습니다. DDD는 Defined Daily Dose의 약자로 "성인 1인이 하루 동안 복용해야 하는 평균 용량"을 말합니다. 특히 우리나라에서는 영유아에게까지 항생제를 과도하게 처방하고 있어 더욱 우려가 됩니다.

우리나라 병원들의 영유아 항생제 처방 건수는 연평균 1인당 3.41건으로 미국(1.06건)의 3배 이상, 처방률이 가장 낮은 노르웨이(0.45건)의 8배에 가깝다고 합니다.

5. 미생물과 우리 몸의 상관관계는 어떤 건가요?

A : 동물은 어미의 자궁에 있을 때 무균 상태로 있다가 자궁을 빠져 나오면서 비로소 미생물에 노출됩니다. 입에서 항문, 피부에 이르는 모든 기관에 미생물이 몰려와 진을 치기 시작하지요. 또 어미의 젖을 먹는 동안 위의 산도는 중성에 가까운 상태가 유지되어 외부의 많은 미생물을 입을 통해 받아들입니다.

모든 동물이 태어나면서 가장 먼저 겪는 일이 바로 미생물과의 접촉인데, 그것은 가장 극적이면서도 큰 변화입니다. 모든 동물은 건강한 개체로 살아가려면 무엇보다 먼저 미생물과의 만남을 통해 공존체계를 만들어야 합니다.

우리 인간도 예외는 아니어서 미생물 없이는 하루도 살 수 없는데, 인간의 몸에서 수분을 제외하면 10퍼센트 가량이 미생물입니다. 그리고 우리는 미생물에 대해 보다 많은 관심을 가져야 합니다.

마이크로바이옴이 당신의 건강을 지킨다

마이크로바이옴은 세포 유전자와 달리 인체 미생물 유전자로, 사람의 몸속에서 공생관계를 유지하며 살고 있는 미생물들의 유전정보를 말한다. 인체 미생물 유전자는 세포 유전자보다 10배나 많고 인체에 미치는 영향력이 매우 커서 항생제를 대체할 신 물질로 현재 마이크로바이옴을 활용한 바이오 헬스 케어 산업이 급부상하고 있다.

마이크로바이옴은 장내에서 서로 경쟁적 억제를 통해 감염을 예방하고, 박테리오신과 같은 항균물질을 만들어 유해균의 성장을 억제하며 건강을 유지하고 질병을 예방하는 데 필수적인 역할을 수행한다. 인체 건강을 결정하는 요소는 미생물의 종류와 수 그리고 다양성에 달려 있으며, 정상적인 마이크로바이옴은 장내 점막 면역계의 발달과

성숙에 필수 요소로서 면역세포의 분화와 활성화를 유도하며 면역관용과 면역자극 간의 균형을 조절한다.

항체나 면역세포가 미생물의 기능과 개체 수를 조절하기도 하고, 반대로 장내 미생물이 우리 몸의 면역계 발달과 반응을 조절하는 메커니즘과 깊이 관련되어 있어 인체 면역력의 80퍼센트를 담당하고 있는 장내 미생물총 균형 유지에 절대적인 영향을 준다.

마이크로바이옴은 몸속 면역 시스템을 좌우하며, 생명 유지와 생명활동에 필요하다. 따라서 현재 미국을 중심으로 마이크로바이옴을 이용한 질병 치료가 활발하게 전개되고 있고, 항생제 내성을 해결할 미래 바이오 생명과학산업으로 급부상하고 있다. 마이크로바이옴과 연관되어 미생물 산업이 블루오션으로 떠오르고 있는 것이다.

참고도서 및 언론자료

10퍼센트 인간 / 엘레나 콜렌 지음 / 시공사

미생물 사냥꾼 / 폴 드 크루이프 지음 / 반니

유전자가 세상을 바꾼다 / 김훈기 지음 / 궁리

장이 살아야 내 몸이 산다 / 무라타 히로시 지음 / 이상

대사치료 암을 굶겨 죽이다 / 나샤윈터스 공저 / 처음북스

비만-아토피-암 장 속 '착한 미생물' 로 치료한다 / 2018.04.13. 동아일보

'제2의 유전자' 장내미생물 연구로 '질병정복' 꿈꾼다 / 2018.04.04. 매일경제

항생제 오남용.. 슈퍼박테리아 재앙 부른다 / 2018.05.02. 매일경제

마이크로바이옴을 잡아라.. 유익미생물로 치료 / 2018.02.05. 매일경제

"2000명 대변 모아 건강상태 분석해요" / 2018.05.23. 동아일보

함께 읽으면 두 배가 유익한 건강정보

1. 비타민, 내 몸을 살린다 정윤상 | 3,000원 | 110쪽
2. 물, 내 몸을 살린다 장성철 | 3,000원 | 94쪽
3. 면역력, 내 몸을 살린다 김윤선 | 3,000원 | 94쪽
4. 영양요법, 내 몸을 살린다 김윤선 | 3,000원 | 98쪽
5. 온열요법, 내 몸을 살린다 정윤상 | 3,000원 | 114쪽
6. 디톡스, 내 몸을 살린다 김윤선 | 3,000원 | 106쪽
7. 생식, 내 몸을 살린다 엄성희 | 3,000원 | 102쪽
8. 다이어트, 내 몸을 살린다 임성은 | 3,000원 | 104쪽
9. 통증클리닉, 내 몸을 살린다 박진우 | 3,000원 | 94쪽
10. 천연화장품, 내 몸을 살린다 임성은 | 3,000원 | 100쪽
11. 아미노산, 내 몸을 살린다 김지혜 | 3,000원 | 94쪽
12. 오가피, 내 몸을 살린다 김진용 | 3,000원 | 102쪽
13. 석류, 내 몸을 살린다 김윤선 | 3,000원 | 106쪽
14. 효소, 내 몸을 살린다 임성은 | 3,000원 | 100쪽
15. 호전반응, 내 몸을 살린다 양우원 | 3,000원 | 88쪽
16. 블루베리, 내 몸을 살린다 김현표 | 3,000원 | 92쪽
17. 웃음치료, 내 몸을 살린다 김현표 | 3,000원 | 88쪽
18. 미네랄, 내 몸을 살린다 구본홍 | 3,000원 | 96쪽
19. 항산화제, 내 몸을 살린다 정윤상 | 3,000원 | 92쪽
20. 허브, 내 몸을 살린다 이준숙 | 3,000원 | 102쪽
21. 프로폴리스, 내 몸을 살린다 이명주 | 3,000원 | 92쪽
22. 아로니아, 내 몸을 살린다 한덕룡 | 3,000원 | 100쪽
23. 자연치유, 내 몸을 살린다 임성은 | 3,000원 | 96쪽
24. 이소플라본, 내 몸을 살린다 윤철경 | 3,000원 | 88쪽
25. 건강기능식품, 내 몸을 살린다 이문정 | 3,000원 | 112쪽

건강이 보이는 건강 지혜를 한권의 책 속에서 찾아보자!

도서구입 및 문의 : 대표전화 0505-627-9784

함께 읽으면 두 배가 유익한 건강정보

1. 내 몸을 살리는, 노니 정용준 | 3,000원 | 94쪽
2. 내 몸을 살리는, 해독주스 이준숙 | 3,000원 | 94쪽
3. 내 몸을 살리는, 오메가-3 이은경 | 3,000원 | 108쪽
4. 내 몸을 살리는, 글리코영양소 이주영 | 3,000원 | 92쪽
5. 내 몸을 살리는, MSM 정용준 | 3,000원 | 84쪽
6. 내 몸을 살리는, 트랜스퍼 팩터 김은숙 | 3,000원 | 100쪽
7. 내 몸을 살리는, 안티에이징 송봉준 | 3,000원 | 104쪽
8. 내 몸을 살리는, 마이크로바이옴 남연우 | 3,000원 | 108쪽
9. 내 몸을 살리는, 수소수 정용준 | 3,000원 | 78쪽
10. 내 몸을 살리는, 게르마늄 송봉준 | 3,000원 | 84쪽
11. 내 몸을 살리는, 혈행 건강법 송봉준 | 3,000원 | 104쪽

⇨ 내 몸을 살리는 시리즈는 계속 출간 됩니다.